U0305386

国家自然科学基金面上项目（71874119）

山西省高等学校哲学社会科学研究项目2019W144

山西省哲学社会科学规划项目（晋规办字［2015］3号）

山西省社科联重点课题（SSKLZDKT2018133）

忻州师范学院优秀青年学术带头人资助计划

忻州师范学院区域发展研究协同创新中心资助计划

光明社科文库

中国二氧化碳减排中的技术偏向研究

周喜君◎著

光明日报出版社

图书在版编目（CIP）数据

中国二氧化碳减排中的技术偏向研究 / 周喜君著 .
--北京：光明日报出版社，2019.4
（光明社科文库）
ISBN 978－7－5194－5274－2

Ⅰ.①中… Ⅱ.①周… Ⅲ.①二氧化碳—减量化—排
气—研究—中国 Ⅳ.①X511

中国版本图书馆 CIP 数据核字（2019）第 081599 号

中国二氧化碳减排中的技术偏向研究
ZHONGGUO ERYANGHUATAN JIANPAI ZHONG DE JISHU PIANXIANG YANJIU

著　者：周喜君

责任编辑：宋　悦　　　　　　　责任校对：赵鸣鸣
封面设计：中联华文　　　　　　责任印制：曹　净

出版发行：光明日报出版社

地　　址：北京市西城区永安路 106 号，100050

电　　话：010－67017249（咨询）　　63131930（邮购）

传　　真：010－67078227，67078255

网　　址：http：//book. gmw. cn

E － mail：songyue@ gmw. cn

法律顾问：北京德恒律师事务所龚柳方律师

印　　刷：三河市华东印刷有限公司

装　　订：三河市华东印刷有限公司

本书如有破损、缺页、装订错误，请与本社联系调换，电话：010－67019571

开　　本：170mm×240mm

字　　数：205 千字　　　　　　印　　张：16. 5

版　　次：2019 年 9 月第 1 版　　印　　次：2019 年 9 月第 1 次印刷

书　　号：ISBN 978－7－5194－5274－2

定　　价：85. 00 元

目　录
CONTENTS

第 1 章

导 言

1.1 研究背景

（1）气候变化带来的挑战、归因与应对

气候变化指的是一段时期（一般为 30 年或以上）内气候平均状态改变。根据 IPCC 第五次评估报告《气候变化 2013：自然科学基础》内容显示，1880—2012 年，全球海陆表面平均温度上升了 0.85℃，且呈加快上升趋势，其中，仅 2003—2012 年的平均升温幅度就比 1850—1900 年高了 0.78℃。

气候变暖给人类生产生活带来了严重影响。冰山消融、海平面上升、酸雨、洪涝、干旱，气候变暖正逐渐侵蚀着人类的生存基础。而关于全球气候变暖的原因，众说纷纭。主流观点认为，是由于人口快速增长，温室气体排放增加，进而加剧了全球气候变暖。比如在 IPCC 第五次报告中就认为，目前全球变暖有 95% 以上的可能是人类活动造成的（董思言，2014）。但也有学者对人类影响气候的观点提出了不同甚至相反的结论。Singer（2013）认为，从地球周期演化角度看，人类目前已掌握的气候变化时间序列还太短，还无法证明是否存在气候变暖，进一步看，即使出现了气候变暖，也无法证明是由人类活动所致。俄罗斯著名天文学家阿卜杜萨马托夫认为，气候变化的主要原因是太阳活动，人类活动对气候变化的影响微不足道（张浩，2010）。丁仲礼院士也认为，人类活动排放对气候变暖影响非常小，之所以有很多人认为人类活动影响气候变化，可能是利益博弈的结果（丁仲礼，2010）。上海交通大学的江晓原教授（2013）甚至认为所谓气候变暖本身就是一个弥天大谎。

本书认为，虽然目前无法确认人类温室气体排放与全球变暖之间的直接因果关系，但近百年来全球变暖已是不争的事实。从理论层面看，人类温室气体排放确实会推动气温升高，人类活动至少是全球变暖的可能原因之一。因此，促进温室气体减排依然是人类应对气候变暖、促进资源可持续利用的重要举措。事实上，近年来，不论是1990年启动的国际气候公约谈判，还是此后陆续形成的《京都议定书》（2005）、《巴厘岛路线图》（2007）、《哥本哈根协议》（2009）、《巴黎协议》（2015）都致力于通过全球合作，抑制全球变暖。

（2）中国二氧化碳减排的行动与压力

根据世界银行公布的数据显示（见图1－1），1960—2001年期间，中国的二氧化碳排放尽管也在上升，但上升幅度不大，比同期美国的二氧化碳排放量增幅略大。但从2001年开始，中国的二氧化碳排放量剧烈增长，2005年首次超过美国，成为全球二氧化碳排放最多的国家，2014年达到102.9亿吨，比同期美国多排放了近50亿吨。作为全世界最大的二氧化碳排放国，近年来，中国积极推动自身的二氧化碳减排进程。2009年，在哥本哈根气候大会上，中国政府主动承诺，到2020年，单位产值二氧化碳排放量要在2005年的基础上下降40%～45%。

2015 年，在巴黎气候大会上，中国政府进一步承诺，2030 年争取使单位产值二氧化碳排放量在 2005 年的基础上下降 60% ~ 65%，并力争实现二氧化碳排放量在 2030 年左右达到峰值并争取尽早达峰。

为落实国际减排承诺，早在"十二五"期间，中国就将单位生产总值二氧化碳排放降低率作为约束性指标提出，并通过淘汰落后产能、强化重点行业节能减排改造等方式，系统推进减排工作。"十三五"期间，中国二氧化碳减排工作进一步加强，形成了以"强度控制为主、总量控制为辅"的双控思路，并从提高能源效率、优化能源结构、控制工业生产过程排放及增加森林碳汇等方面持续加大力度。特别是提高能源效率及优化终端能源消费结构，已成为当前中国二氧化碳减排的主要政策方向。然而，由于中国尚处于工业化阶段，城市化还在快速推进，全国还有近 4000 万贫困人口①，地区不平衡，城乡二元结构明显，发展的任务还非常繁重，这决定了中国未来的二氧化碳减排还将承受巨大的压力。

首先是工业化进程带来的减排压力。工业是二氧化碳排放的主要来源，根据《中华人民共和国气候变化第一次两年更新报告》（2016）数据测算，2012 年，中国能源工业（能源生产，包括煤炭采选、电力等）及制造业和建筑业共计排放了 7283565 千吨二氧化碳，占同期全国总排放量的 78.2%。但从中国的工业化进程看，黄群慧（2017）根据钱纳里、库兹涅茨、赛尔奎因等人提出的工业化进程理论，分别从人均 GDP、三次产业产值比例、制造业增加值占总增加值比例、人口城市化率、第一产业就业占总体就业比重五个指标对中国的工业化进程进行了

---

① 贫困人口标准为现行国家标准，即人均收入低于 2300 元，价格水平为 2010 年不变价。

评价。结果显示，到 2015 年，中国总体的工业化进程已进入工业化后期的后半段，但由于区域发展不平衡，地区发展差距比较大，预计到 2020 年，广大中部和西部地区省份才能进入后工业化阶段。这就意味着未来一段时期，中国仍将处于工业化进程快速推进的阶段，而工业化进程的推进就意味刚性能源需求还将继续增长，在中国以煤碳为主的高碳能源结构下，二氧化碳排放预期还将持续增长，中国的二氧化碳减排面临着绝大的刚性压力。

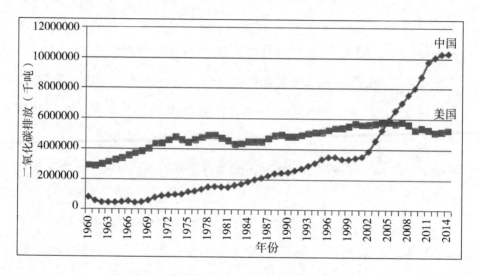

图 1-1 1960—2014 年中国与美国二氧化碳排放

其次是城市化进程带来的减排压力。城市化是人类社会演进的基本经济规律（Wang，2006；冯云廷，2008；马海龙，陈学琴，2016）。已有研究证实，城市化会因基础设施增加、人民生活水平提高等增加对能源的消耗，进而推动二氧化碳排放增长（孙慧宗，2010；臧良震，2015）。从中国实际情况看，根据《中国统计年鉴 2017》数据测算，2016 年，按照城乡户籍人口比重统计，中国的城市化率为 57.35%。而根据城市化阶段理论，城市化进程可分为起步阶段（城市化水平小于

30%）、中期阶段（城市化水平介于 30% ~ 60%）、后期阶段（城市化水平介于 60% ~ 80%）和终期阶段（城市化水平介于 80% ~ 100%）（方创琳，2008）。对照这一标准，中国目前还处于城市化中期阶段，城市化水平还有进一步提升的巨大潜力。从演进趋势上看，据李善同（2017）课题组预测，2020、2030、2040 和 2050 年中国的城市化率分别为 60.34%、68.38%、75.37% 和 81.63%。综上可见，在未来 30 年，中国的城市化进程还将继续推进，城市化水平还将继续提高，由此导致的刚性能源需求还将持续增长，从而推动二氧化碳排放持续增长。

此外，由于中国还是发展中国家，还有很多地区存在基础设施落后、发展水平低下等问题，还有大量人口生活在贫困线以下，每年还有大量新增劳动力需要就业，而解决这些问题从根本上还要靠发展，只有保持一定速度的发展才能解决这些问题。在当前的"技术—经济"范式下，发展就必然会带来能源消费增长，进而推动二氧化碳排放增长，而这就必然会进一步加大中国二氧化碳的减排压力。

（3）技术进步对未来中国二氧化碳减排的关键作用

近年来，在国际舆论压力和自身发展需求的双重推动下，中国积极推动二氧化碳减排工作，不断加大政策倒逼力度，逐步形成了以优化能源结构和提高能源效率为主的减排路径，终端能源消费中，煤炭等传统高碳能源消费比重快速下降，有力地促进了中国的二氧化碳减排工作。但从中国能源禀赋出发，本书认为两种路径都存在一定的问题，还有必要进行一定的调整。

首先，从优化能源结构看，目前的主要方式通过减少煤炭等高碳能源消耗，增加天然气和可再生能源利用比重，从而降低二氧化碳排放。然而，由于中国的能源禀赋结构是"富煤、缺油、少气"，天然气自给能力较低，即使按照 2016 年 13.3% 的占比计算，依然有近 40% 依靠进口解决（刘叶琳，2017），且进口部分折合标准煤后仅约 2.3 亿吨。如果进一步提高天然气利用比例的话，进口气源保障能力和能源成本将成为主要的制约因素，势必会推高中国经济发展的能源成本，削弱中国产品在国际市场的竞争力。按照中科院倪维斗院士的观点，未来中国天然气用量最多只能是煤的 1/15（倪维斗，2017）。如果进一步考虑能源安全的话，提高天然气利用比例显然不是首选。核电方面，由于中国是贫铀国，2016 年的核电装机量是 3364 万千瓦，但铀进口依存度已超过 90％。如果提高核电装机的话，就必须进一步增加铀 235 和铀 238 等核原料的进口，作为战略性矿产资源，大量进口显然也不太容易实现，核电增长空间有限。再看风电和水电，按照倪维斗（2017）院士的计算，中国水电目前的开发度已达到 75％，余量空间不大，而未来风电和太阳能总量也只能占到能源消费总量的几个百分点。综上，当前依靠进口能源替代驱动的能源结构优化路径面临巨大的挑战。

本书认为，通过能源结构优化促进二氧化碳减排的方向是正确的，但实现方式上应改变目前的进口替代战略，而应立足自身能源禀赋结构，通过能源生产类技术进步提高终端能源消费中清洁和可再生能源比重，比如通过煤炭生产技术进步实现煤炭能源清洁化，通过油气开采技术进步提高油气自给能力，通过可控核聚变技术进步提高核能的开发利用规模等，依靠能源生产类技术进步必将成为解决中国未来二氧化碳排放问题的关键选择。特别是煤炭清洁利用，目前技术上已基本成熟，在发电领域得到很好应用，其排放水平甚至优于天然气。事实上，从人类能源变迁史的角度看，从薪柴时代到煤炭、石油，再到电力、核能，尽管能源价格、政府政策等因素也是能源结构变迁的重要驱动因素，但从根本上无不是能源生产技术进步的结果。

其次，从提高能源利用效率看，近年来，中国通过采取合同能源、税收优惠等管理"软技术",引导企业积极提高能源效率,减少二氧化碳排放;通过政策规制,对火电、钢铁等高耗能行业实施技术改造,提升能源利用效率,取得了显著的减排效果。如图 1－2 所示,1990—2016 年期间,中国能源强度呈直线下降趋势,由 1990 年的 5.23 吨标准煤/万元,下降到 2016 年的 2.02 吨标准煤/万元①,累计下降了61.44%。但从能源效率的内涵看,其高低既取决于经济系统的产出率,也受到能源热转换率的影响,高的经济产出率或高的能源热转换率(导致实物能源消费量减少)都能推动能源效率改善。对经济系统产出率而言,在一定的"技术—经济"范式下,变化幅度相对有限。而对能源转换率而言,会受到技术进步的剧烈影响。以煤炭为例,生产中投入的煤炭能源,其热转换率不仅会受到锅炉热传导效率、升温速度及蒸汽等燃烧环境的影响,还与煤炭能源本身的形态、质量规格等有密切关系,如有研究就发现,较小的粒径会显著提高煤的转化率、燃尽度和热解度(薛永强,2005;卫广运,2016)。从中国情况看,纵向比较,能源热转换水平已有很大进步,但与发达国家相比,还有不小的差距,还存在较大的潜在能源浪费(丁波,2011)(见图 1－3)。因此,强化能源利用阶段技术创新,综合通过燃烧技术、工程技术等手段提高能源热转换率,进而减少实物能源消费量是未来能源利用效率改善的重要途径。

---

① 该指标已换算为 1990 年价格。

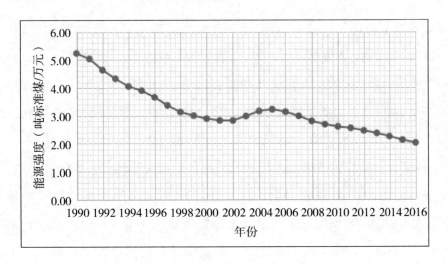

注：GDP 为 1990 = 100

图 1 - 2　1990—2016 年能源强度变化

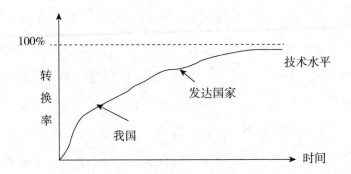

图 1 - 3　中国与发达国家能源转换技术发展水平示意图

　　综上所述，从中国实际出发，不论是优化能源结构，还是提高能源效率，从根本上看，最终还应转向依靠技术进步推动二氧化碳减排的轨道上来，能源生产类技术和能源利用类技术[①]进步就成为未来中国二氧

---

　　① 这里的能源生产技术和能源利用技术不是特定的技术，而是技术类的概念，为了更准确地表达含义，以下分别称为能源生产类技术和能源利用类技术，详细的划分依据见本文第二章"二氧化碳减排中技术偏向的发生机制"部分。

化碳减排的关键依托。

1.2　研究问题

从人类能源变迁史的角度看，从薪柴、煤炭，转向石油、天然气，再到电力，每一次能源转型无不是能源生产类技术进步的结果，能源生产类技术进步是推动能源结构优化，进而降低二氧化碳排放的根本力量。同时，对当前中国的另一项关键减排路径而言，前述分析也发现，现阶段提高中国能源效率的可行方式是通过燃烧技术、工程技术等能源利用类技术创新，提高能源热转化率，进而减少能源消耗，降低二氧化碳排放。由此，促进能源生产类技术和能源利用类技术进步就成为未来中国二氧化碳减排的关键技术依托。然而，根据技术偏向理论的观点，技术作为生产中的一种无形要素投入，多技术投入也可能会因稀缺程度不同而产生偏向，进而给中国的二氧化碳减排造成差异化影响。基于此，本书提出以下三个研究问题。

（1）二氧化碳减排过程中，能源生产类技术和能源利用类技术偏向的理论机制是什么？在中国的二氧化碳减排实践中，两类技术是否存在偏向性？

已有文献虽然关注到了广义技术进步对二氧化碳减排的促进作用，但对特定类型技术的二氧化碳减排效果却鲜有学者涉足。根据技术偏向理论的观点，异质性要素可能会因稀缺程度差异而产生偏向。那么，能源生产类技术和能源利用类技术作为中国二氧化碳减排过程中两类异质性技术要素，其偏向的理论机制是什么？作为当前中国二氧化碳减排的关键技术依托，在实践中，能源生产类技术和能源利用类技术是否会因稀缺程度不同而出现偏向？这是本书的研究问题之一。

（2）偏向型减排技术演化特征会对中国未来的二氧化碳排放产生何种影响？

能源生产类技术是通过减少化石能源消耗、提高清洁能源利用比重实现二氧化碳减排，而能源利用类技术是通过提高能源综合利用水平、减少潜在能源消耗实现减排，二者的减排逻辑存在根本差别，不同的减排技术偏向可能会对中国未来的二氧化碳排放造成差异化的影响。能源生产类技术和能源利用类技术作为中国二氧化碳减排的两类核心技术，偏向型的技术演化特征会对未来的二氧化碳排放趋势产生什么影响？这是本书的研究问题之二。

（3）应采取何种措施才能更好地促进减排技术进步，进而加速中国的二氧化碳减排进程？

技术进步是协调经济发展与二氧化碳减排的关键手段，促进能源生产类技术和能源利用类技术进步是推进中国二氧化碳减排进程的重要战略选择。然而，根据技术创新理论的观点，技术进步是内外部环境等多种因素综合作用的结果。在偏向型的减排技术演化背景下，采取何种措施才能推动能源生产类技术和能源利用类技术实现持续进步，进而更好地推动中国的二氧化碳减排进程？这是本书的研究问题之三。

1.3 内容结构

如前所述，本书主要关注三个问题：一是在二氧化碳减排过程中，能源生产类技术和能源利用类技术偏向的理论机制是什么，在中国的二氧化碳减排过程中，两类技术是否会因稀缺程度差异而产生偏向？二是这种偏向型的技术演化特征会对中国未来的二氧化碳排放趋势产生何种影响？三是应采取何种措施才能持续推动能源生产类技术和能源利用类技术进步，进而帮助中国尽早实现二氧化碳达峰排放？根据研究问题，本书将研究内容划分为三个模块（见图1-4）。

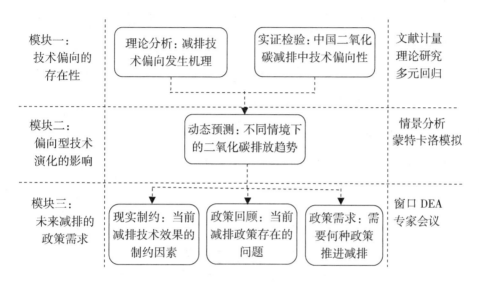

图1-4　本书的研究逻辑与技术路线

模块一对应第一个问题，即讨论二氧化碳减排中，能源生产类技术和能源利用类技术偏向的理论机制，检验中国二氧化碳减排中两类技术偏向的存在性。研究中，本书首先基于文献研究和理论推演，识别和构建能源生产类技术和能源利用类技术偏向的发生机制。在此基础上，基于中国1997—2016年的相关数据，利用多元回归方法，实证地检验在中国二氧化碳减排过程中，两类减排技术偏向的存在性。

模块二对应第二个问题，即研究能源生产类技术和能源利用类技术偏向型演化特征对中国未来二氧化碳排放的影响。在研究过程中，基于模块一的研究结论，根据不同的技术偏向特征，本模块通过动态情景模拟方法,分别设置了三种情景:基准情景、能源生产类技术进步情景和能源利用类技术进步情景,并借助蒙特卡洛模拟方法,动态模拟中国当前的减排技术路径及能源生产类技术和能源利用类技术偏向型进步情景下的二氧化碳排放趋势,以此作为模块三的实证基础。

模块三对应第三个问题,即如何才能更好地推动能源生产类技术和能源利用类技术持续进步,进而加速中国的二氧化碳减排进程。在研究过程中,本模块首先利用窗口 DEA 模型,对当前中国二氧化碳减排过程中,制约能源生产类技术和能源利用类技术减排效率的因素进行了识别。同时,依据 OECD 提出的减排政策框架,对中国当前的二氧化碳减排政策传导机制及其存在的问题进行了研究。最后,基于模块一和模块二的研究发现,研究提出了未来中国二氧化碳减排的政策建议。

1.4 研究方法

在研究方法选取上,本书根据不同内容的特点采取多样化的研究方法,核心方法主要是以下四个。

(1)文献计量。文献收集整理是开展理论研究的重要基础,然而由于相关文献数量较多,质量参差不齐,如何快速准确地从庞杂的文献数据中识别高质量相关文献是重要基础。本书在研究过程中,首先通过文献预研和专家会议等方法确定检索关键词,然后从 SSCI、CSSCI 等中英文数据库中检索相关文献,并形成文献数据集。在此基础上,利用 Histcite 软件进行文献筛选,识别高质量文献。同时,借助 Citespace 软件揭示文献联系,为开展理论研究奠定坚实的文献基础。

(2)多元回归。在进行技术偏向性检验的过程中,由于已有估计方法中，基于生产函数的估计方法存在函数假设难以满足，而基于效率分解的方法又难以反映不同技术偏向的问题，本书参照部分学者的做法，采用多元回归的方法进行技术偏向性的检验。在研究中，本书首先基于文献分析和理论推演，建立了二氧化碳排放影响因素概念模型，然后借助最小二乘法对变量间的关系进行了估计，并依据变量系数的方向确定中国二氧化碳减排中能源生产类技术和能源利用类技术的偏向性。

（3）动态情景预测。在研究过程中，为了定量预测能源生产类技术和能源利用类技术不同偏向背景下未来中国二氧化碳的排放演变趋势，本书首先基于 Kaya 恒等式将二氧化碳排放的影响因素分解为经济增长、能源生产类技术、能源利用类技术及人口增长四个因素，并根据不同的技术偏向假设，分别设置了基准情景、能源生产类技术进步情景和能源利用类技术进步情景。为了体现经济运行的随机性，本书采用蒙特卡洛模拟方法，经过 10 万次随机取值运算，对未来中国二氧化碳的排放演变趋势进行了模拟。

（4）窗口 DEA 模型。在对能源生产类技术和能源利用类技术进行效率评价的过程中，由于两类技术所选择的目标行业数较少，导致效率评价的决策单元数无法满足评价要求。考虑到相邻年份技术进步幅度有限的实际，本书以三年为步长，将不同行业近三年的决策单元都看作是同一年的决策单元，并采用窗口 DEA 模型对能源生产类技术和能源利用类技术的效率进行了评价，揭示了当前制约两类技术效率的主要因素，从而为后续政策建议奠定了基础。

从研究逻辑上，本书遵循提出问题、分析问题、解决问题的思路，分三个逻辑部分展开研究。

在提出问题部分，一方面是基于对中国二氧化碳减排实践的考察，发现能源生产类技术和能源利用类技术是当前减排的主要技术依托；另一方面，通过广泛的文献收集，借助 Histcite 和 Citespace 等文献计量软件，筛选高质量相关文献，找出影响二氧化碳排放的因素，并基于理论分析和各因素影响机理的考察，认为能源生产类技术和能源利用类技术是影响二氧化碳排放的核心因素。而根据技术偏向理论，多技术投入可能因稀缺程度差异而出现偏向，那么在中国二氧化碳减排中，能源生产类技术和能源利用类技术作为两种核心减排技术，是否存在偏向呢？这种偏向型的技术演化特征会如何影响未来中国的二氧化碳排放趋势呢？中国是否能如期实现 2030 年达峰排放的目标？应采取何种措施才能更好地推动中国二氧化碳减排呢？

在分析问题部分，为了回答中国二氧化碳减排中是否存在偏向，偏向型技术演化会对未来中国二氧化碳排放产生何种影响的问题。本书从三个层面进行分析：一是基于 Histcite 和 Citespace 计量方法筛选文献，归纳二氧化碳排放影响因素，并通过文献分析和理论研究，对二氧化碳减排过程中技术偏向的发生机制进行分析。二是基于二氧化碳影响机理分析，构建二氧化碳影响因素模型，并采用最小二乘法对模型进行估计，从实证的角度验证在中国二氧化碳减排中是否存在偏向，并力求通过多层面分析，揭示中国二氧化碳减排中技术偏向特征。三是考虑能源生产类技术和能源利用类技术的偏向型演化特征，本书分别设置了基准情景、能源生产类技术进步情景和能源利用类技术进步情景，并借助蒙特卡洛模拟方法动态地预测了不同技术偏向特征下未来中国二氧化碳排放的演化趋势。

在解决问题部分，首先是利用窗口 DEA 分析技术对能源生产类技术和能源利用类技术的效率进行了评价，以期能够发掘当前制约两类技术进步的可能原因。同时，从政策构成、传导机制和存在的问题三个层面对当前中国二氧化碳减排政策进行了评价。最后，在本书研究发现和技术评价及政策回顾的基础上，借助专家会议等方式，研究提出未来的二氧化碳减排对策。

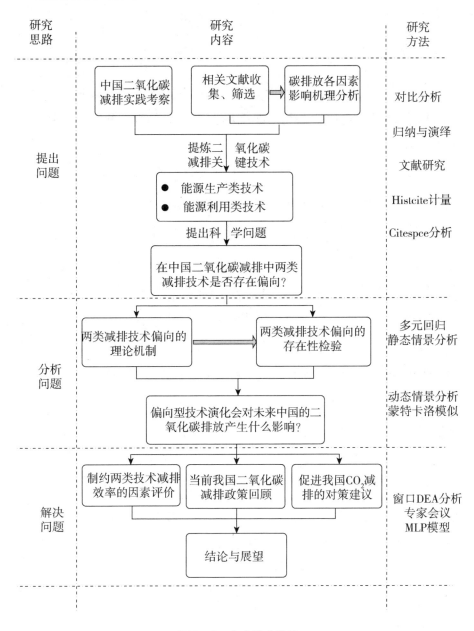

图 1-5 本书技术路线

1.5　本书贡献

与已有研究相比，本书可能在以下四个方面有一定的边际贡献。

（1）理论上揭示了二氧化碳减排技术偏向的发生机制，并验证了其存在性。

已有研究虽然已经关注到了技术进步对二氧化碳减排的促进作用，但所讨论的技术是广义上的技术，与实践中具体的技术或技术类别存在差异，一定程度上弱化了理论研究对中国二氧化碳减排实践的指导作用。本书基于理论分析和实践考察，将中国的二氧化碳减排技术进一步细分为能源生产类技术和能源利用类技术，并针对二氧化碳减排过程中，能源生产类技术和能源利用类技术可能因稀缺程度不同而产生偏向，进而给技术减排效果估计和减排政策制定带来困扰的问题，一方面，考虑到能源生产类技术、能源利用类技术和末端处置类技术在促进二氧化碳减排中的目标同一性，本书按照 Acemoglu 关于技术偏向的判别依据，认为价格效应是决定两类技术偏向的核心因素，即技术可能会偏向于相对较为稀缺的技术；另一方面，基于稀缺性的概念内涵，通过收集相关数据，对两类技术的物理稀缺性、经济稀缺性进行了分析，结果均显示能源生产类技术是两类技术中相对较为稀缺的，根据判别标准，初步判断中国二氧化碳减排技术可能偏向于能源生产类技术，本书进一步的基于时间序列数据的回归分析也证实了这一判断，即中国二氧化碳减排中是存在技术偏向的，且是偏向于能源生产类技术的。但本书进一步分析发现，是由于当前以排放强度考核为主的减排政策客观上对能够达到排放要求的企业有负向激励，会鼓励其消耗更多的能源，即存在一定程度的能源回弹效应，进而抵消了能源利用类技术的二氧化碳减排效果。本质上，能源利用类技术是现阶段中国二氧化碳减排的主因。

（2）明确了不同类型技术进步对中国二氧化碳排放的影响。

大多数学者的研究都认同技术进步对未来中国二氧化碳减排的促进作用，却没有对特定类型技术进步的减排影响进行分析。本书利用 Kaya 恒等式，将二氧化碳排放分解为人口增长、经济发展、能源生产类技术进步和能源利用类技术进步四个变量，并基于能源生产类技术和能源利用类技术的偏向型演化特征，分别设置了基准情景（即在当前基础上，不采取任何额外减排措施）、能源生产类技术进步情景（即强化能源生产类技术进步）和能源利用类技术进步情景（即强化能源利用类技术进步）。在此基础上，考虑到各变量的随机演化特征，本书通过国家相关规划和学者们的相关研究结论，推定各变量的可能取值区间，并利用蒙特卡洛模拟方法，经过 10 万次随机取值运算，分别预测了不同情景下的二氧化碳排放演变趋势。模拟发现，基准情景下（即在当前技术路线下）中国二氧化碳排放无法实现 2030 年达峰，而在能源生产类技术进步情景和能源利用类技术进步情景下均可实现 2030 年达峰排放，且能源生产类技术进步情境下，中国的二氧化碳排放达峰时间要早于能源利用类技术进步情景。这就说明，中国要想实现 2030 年达峰排放，就必须要进一步强化能源生产类技术和能源利用类技术的进步。模拟中也发现，能源生产类技术进步的减排效果发挥存在"阈值效应"，即只有当能源生产类技术进步累积到一定程度时，其二氧化碳减排效果才能得到有效发挥，这些研究发现为中国制定未来的技术减排政策提供了决策依据。

（3）识别了制约能源生产类技术和能源利用类技术减排效率的主

要因素。

已有技术效率评价研究中，技术是广义上的技术而非特定类型的技术。对于特定类型技术效率的评价而言，难点在于如何界定投入产出数据的边界，即如何区分哪些投入和产出属于特定的技术类别。本书为了明确制约能源生产类技术和能源利用类技术进步的主要因素，首先基于国民经济行业分类，选择煤炭采选业、石油和天然气开采业及石油加工、炼焦和核燃料加工业三个以能源生产加工为主体的行业作为能源生产类技术的目标行业。其次，依据"弱波特假说"，分别筛选出七个耗能最高和七个二氧化碳排放相对较多的行业，并基于文献研究结论，按照国有化程度高低和环境成本是否容易转嫁两个维度进一步筛选，将国有化程度高且环境规制成本难以转嫁的行业确定为能源利用类技术效率评价的替代行业。最终选择黑色金属冶炼和压延加工业，电力、热力生产和供应业及非金属矿物制品业三个行业作为能源利用类技术的目标行业，并利用窗口 DEA 模型分别对两类技术的效率进行了评价。结果显示，创新资源投入规模不足、创新资源配置结构不合理是制约当前中国两类技术二氧化碳减排效率的主要原因，特别是煤炭、钢铁等高耗能产业领域，技术创新的减排效率尚有较大提升空间。这些研究发现无疑为科学地制定未来的减排技术政策提供了实证基础。

（4）从社会技术演化视角对减排技术进步不同阶段的政策重点进行了分析。

根据内生增长理论，R&D 是技术进步的主要来源。然而大量研究发现，技术进步不仅仅受研发投入的影响，还受到社会技术范式等外部环境的影响，技术进步是在复杂的经济和社会条件交互影响下成长而来的。但根据本书对中国已有二氧化碳减排政策的回顾发现，中国当前的二氧化碳减排政策手段较为单一，主要是借助政府政策的强制力倒逼企业开展相应的技术创新，潜在的假设认为，只要倒逼力度足够大，企业必然会开展相应的技术创新，从而实现减排技术的整体进步。这显然与一些学者研究发现的环境规制强度过高甚至会抑制技术创新的结论相悖，当前中国的二氧化碳减排政策还缺乏对技术成长环境本身的考量。鉴于 Geels 等人提出的 MLP 模型很好地将技术进步的"微观"基础、中观制度及宏观外部环境纳入统一的分析框架，本书在政策研究中，首先基于 MLP 模型，将能源生产类技术和能源利用类技术演化划分为技术研发、技术渗透、技术扩散和技术成熟等不同发展阶段，并从优化技术成长环境角度，为技术创新的不同阶段提出了相应的对策建议。

第 2 章

二氧化碳减排中技术偏向的理论机理

二氧化碳是化石能源燃烧和部分工业生产过程中产生的副产品，由于其可能导致全球气候变暖，进而威胁到人类生存，二氧化碳减排已日益成为全球共同关注的环境问题。中国作为全球最大的化石能源消费国和最大的二氧化碳排放国，在促进二氧化碳减排方面扮演着非常重要的角色。近年来，学者们从不同角度对二氧化碳排放相关问题开展了大量研究，并在排放的影响因素、作用机理及减排路径方面形成一些共识。但由于已有研究在二氧化碳影响因素的讨论中忽略了对各因素影响机理差异的考察，一定程度上弱化了研究结果对实践的指导作用。在减排政策研究方面，尽管大多数学者都认识到了技术的重要性，但由于二氧化碳减排过程中有多种技术投入，而技术之间是异质的，异质性技术的减排效果如何，是否存在偏向，这些问题都还有待进一步探讨。为了廓清这些理论问题，本书接下来将从二氧化碳排放影响因素的作用机制、技术进步对二氧化碳排放的影响及二氧化碳减排中技术偏向的发生机制等维度进行综述。

研究理念上，本书遵循 Tranfield 等（2003）所倡导的系统性综述法，在全面收集文献的基础上，通过深入分析文献背景、程序和结论，从而减少偏见。文献来源上，英文文献来源于 Web of Science 下的社会科学引文索引数据库（Social Science Citation Index，简称 SSCI）和会议录引文索引—人文与社会科学版（Conference Proceedings Citation Index-Social Science & Humanities，简称 CPCI – SSH）。SSCI 数据库收录了社会科学 50 多个核心学科领域的 5700 多种权威期刊文献，数据可回溯到 1900 年。中文文献来源于中国知网下的核心期刊数据库，该库包含了《中文核心期刊要目总览 2014》中所有期刊。检索方式上，首先通过 SSCI 期刊和国家自然基金委指定期刊收集与本书所关注主题相关文献，通过精读文献收集关键词，然后利用关键词在对应数据库中进行主题检索。结果应用上，英文文献检索信息及其引文信息以全纪录格式保存，形成文献索引数据库，文献检索时间为 2017 年 11 月 14 日；中文文献的检索结果及引文信息以 Refworks 格式导出。分析方法上，考虑到当前学科交叉的问题，部分检索到的文献与本主题关联度较低，被同领域文献引用可以作为排除不相关文献的标准之一。因此，对外文文献的分析，本书采用 Histcite 软件中 LCR（Local Cited Reference）指标进行筛选。中文文献则采用 Citespace 软件的共被引分析作为筛选手段，切片时长为三年，每个切片按照被引用频次保留前 30% 的文献作为分析对象。

2.1　二氧化碳排放影响因素的作用机制

2.1.1　二氧化碳排放影响因素研究综述

本主题检索关键词为"carbon dioxide"和"influence factor"，检索方式为主题检索。最终检索到 648 条文献信息，分布于 459 本期刊。按照 LCR≥1 作为筛选标准，共计筛选出 66 篇文献，剔除有关公众对碳存储、气候变化等方面态度的文献 7 篇，有关生物病理方面的文献 10 篇，预测未来二氧化碳排放的文献 1 篇，最终保留 46 篇文献作为分析对象。用"二氧化碳"和"影响因素"组合在中国知网核心期刊数据库中进行主题检索，共检索到 477 篇文献，利用 Citespace 软件按照所设定的规则进行筛选，剔除部分关联度较低文献后，最终保留 25 篇文献。从研究方法上看，这 71 篇文献中，实证研究有 62 篇，综述类文献有 3 篇，理论研究的文献有 6 篇，实证研究类型占比达到 97.3%。时间分布上看，发表时间最早的是 1993 年，最近的是 2017 年，其中 2010 年以来的文献为 44 篇，占目标文献的 62%，总体上能够反映近年来的研究动态。

通过对目标文献的深入分析，学者讨论的二氧化碳排放影响因素主要包括八个，分别是：经济增长、人口、城市化、能源效率、能源强度、碳排放强度、能源结构、产业结构。

（1）经济增长

协调经济增长与二氧化碳排放之间关系的研究一直以来都是学者们关注的焦点问题。从研究演化看，Ehrlich 和 Holdren 于 1972 年提出的 IPAT 模型是最早将经济增长与环境影响纳入统一分析框架的学者。该模型表示为 I = PAT，其中，I 表示人口对环境的影响，P 表示人口规模，A 表示富裕程度，一般用人均 GDP 表示，T 表示技术水平。该模型主要用于研究人口变化对环境的压力，但也有学者基于该模型讨论经济增长与二氧化碳排放之间的关系，如 Hulei（2016）利用 2000 年至 2012 年的中国省级数据，对收入差距与二氧化碳排放问题进行了研究，结果发现：城市和农村地区的过度收入差距会导致更多的二氧化碳排放。但大多数学者关于经济增长与二氧化碳排放间关系的讨论是基于环境库兹涅茨曲线展开的。

环境库兹涅茨曲线是 Grossman 和 Krueger（1991）在考察北美自由贸易协定的环境影响时提出的一个经验规律，他们发现经济增长与环境污染之间存在一种倒 U 形的关系，即随着经济增长，环境污染逐渐加剧，之后污染水平会达到顶峰，并伴随着经济增长而逐步恢复。此后，有学者利用该理论观点，探讨经济增长与二氧化碳排放之间是否存在环境库兹涅茨曲线，但由于研究对象、研究方法等方面的差异，得出了相互矛盾的观点。

一些学者的研究结论认为，经济增长与二氧化碳排放间同样符合环境库兹涅茨曲线规律，也存在拐点（Shafik N，Bandyopadhyay，1992；Selden，Song，1994；Galeotti，Lanza，2006；Galeotti M，Lanza A，et al，2006；Iwata，Okada，et al，2010；Park，Lee，2011；王良举，王永培，2011；宋锋华，2017）。而另一些学者却得出了相反的结论，他们通过大量的实证研究发现，二氧化碳排放与经济增长之间根本不存在环境库兹涅兹曲线（Agras，Chapman，1999；Richmond，Kaufmann，2006；He，Richard，2010；林寿富，2014；艺明，胡久凯，2016）。

本书看来，由于经济增长与二氧化碳排放之间存在着复杂的技术经济联系，单纯依靠数据表现出来的现象还不能准确地反映二者之间的关系。从作用机理看，在一定的"技术—经济"范式下，经济增长必然带来能源消耗的增加，在其他条件，如排放强度、能源结构等相对稳定的条件下，更多的能源消耗短期内必然带来二氧化碳排放规模的增加。但随着"技术—经济"范式的演化，如清洁能源生产技术进步、能源效率提升或二氧化碳收集处置技术普及等，此时，经济增长与二氧化碳排放之间的关系就会存在不确定性，经济增长既有可能促进二氧化碳排放的增加，也有可能不变，抑或减少。而学者们的研究恰恰忽略了对机理的考察，这也许是不同学者得出不同甚至相反结论的主要原因。

此外，还有一些学者利用指数分解、计量模型等不同手段对不同尺度（国别尺度、区域尺度、产业尺度、时间尺度）下二氧化碳排放的影响因素进行了分析，结果普遍支持经济增长对二氧化碳排放正向效应的结论（Timilsina，Shrestha，2009；Li，Mu，2011；Andreoni，Galmarini，2012；Huo，Yang，Zhang，et al，2015；Yang，Li，Cao，2015；Xu，He，Long，et al，2016）。

（2）人口与城市化

人口变化有两个层面的含义，一是人口规模的变化，如人口总量的增加或减少；二是人口结构上的变化，如农村迁居城市（即城市化）、年龄结构、家庭规模等。根据学者们的研究结果，不论是人口规模，还是人口结构变化，都会对二氧化碳排放产生影响，只是影响的方向和影响的程度存在差异。

首先，从人口规模上看，一般认为人口增加会增加能源消耗，进而推动二氧化碳排放增长，这一逻辑在大多数研究中都得到了支持。Birdsall（1992）研究发现，全球人口增长是导致二氧化碳排放增加的重要原因之一。Knapp（1996）对全球人口变化与二氧化碳排放的关系进行了研究，结果发现，人口增长确实会推动二氧化碳排放增长，但二者之间并不存在长期的协整关系。Anqing（2003）基于全球 93 个不同国家的人口与二氧化碳排放数据研究发现，总体上，二氧化碳排放的增长与人口增长呈正相关关系，特别是发展中国家，其人口增长能够显著推动二氧化碳排放增加。Asumadusarkodie 和 Owusu（2016）使用了ARDL 回归分析对 1971 年至 2012 年斯里兰卡的能源使用、二氧化碳排放、GDP、工业化、金融发展和人口之间的因果关系进行了研究，结果表明，二氧化碳排放、GDP、工业化、金融发展和人口与能源使用之间存在长期的平衡关系。Asumadusarkodie 和 Owusu（2017）对加纳二氧化碳排放、能源使用、GDP 与人口之间的关系进行了考察，发现从GDP 到二氧化碳排放和人口到二氧化碳排放呈现长期均衡关系，这一点在欧盟表现也比较明显，当欧盟人口增长 1%，则会导致二氧化碳排放增加 0.73%。但从学者们的研究中也发现，人口规模变化与二氧化碳排放间似乎并不是线性的关系，而是呈现出一种更为复杂的相对变化趋势。如李建豹、黄贤金等（2017）的研究证实，人口总量虽然是导致二氧化碳排放的主要因素，但具有明显的空间溢出效应，即在本省区人口总量上升带来碳排放增加的同时，相邻地区会因人口流出进而影响其基础设施、工业发展等多维因素，从而间接地降低了输出地二氧化碳排放。Adusah–Poku（2016）的研究也发现，像尼日利亚和埃塞俄比亚这样人口众多的国家的二氧化碳排放量比像佛得角和赤道几内亚这样的人口较少的国家增长更快。

其次，从人口结构变化看，学者们的研究发现人口的年龄结构、家庭规模以及城镇化水平等结构性因素也是影响二氧化碳排放的重要方面。所不同的是，有的学者认为这些人口结构的变化是正向影响因素，而有的学者则得出了相异的结论。Liddle（2004）的研究认为，与低城市化率相比，较高的城市化可以因基础设施共享而减少潜在的建设碳排放，因此，城镇化能够减少二氧化碳排放。Liu（2009）也认为，由于城市化会伴随着工业生产效率和产业结构的优化，因此，城镇化会促进碳排放降低，但是这种影响效应会随着城市化水平的提高而逐渐降低。Liddle（2014）研究发现，平均家庭规模与碳排放总量负相关。Zhou 和Liu（2016）基于中国 1990—2012 年数据研究发现，是人均收入而不是人口结构变化推动二氧化碳排放增长，城市化在中国西部并未显著表现出二氧化碳排放增加，在年龄结构上，对能源使用的影响在统计上也并不显著。胡雷和王军锋（2015）的研究也发现，中国东部地区和中部地区的城镇化对二氧化碳排放并没有显著的影响。与上述学者的研究结论相反，另外一些学者认为人口结构变化，特别是城市化进程会推动二氧化碳排放的增加。林伯强（2010）发现城市化会导致碳排放的增加。朱勤（2010）通过回归计量分析法研究发现居民消费水平、人口城镇化水平以及人口规模能够显著影响中国的碳排放量，同时居民消费水平和城镇化水平大于人口规模对碳排放的影响效应。张小平（2012）发现人口数量能够很大程度上影响碳排放量，人口每增加 1%，碳排放量就会相应地增加大约 4.7% 的水平。Ohlan（2015）以印度为例发现，人口密度在短期、长期均对二氧化碳排放有显著的正向影响。孙作人、周德群（2015）等人分位数回归和 LMDI 指数分解方法对结构变动的二氧化碳排放进行了研究，结果发现人口结构变动（主要是城镇化）带来的二氧化碳排放影响要大于单纯的人口规模变化带来的影响。

　　为什么在人口结构变化与二氧化碳排放关系的讨论上会有不同甚至相反的结论出现呢？这可能与人口对二氧化碳排放的作用机制有关，一般认为人口年龄结构、城乡结构、家庭规模等变化会因所需要的基础设施、生活水平等变化而影响能源消耗，进而对二氧化碳排放产生影响，但变化方向是不确定的。比如有观点就认为人口城市化会因大量人口共享基础设施而抵消人口数量增加引致的能源消耗量增加，甚至会促进二氧化碳减排。同时，人口变化对二氧化碳排放的影响也不是线性的，还受到其他因素的影响，Fan 和 Liu 等（2006）的研究就发现，15 至 64 岁人口的比例对高收入国家的总二氧化碳排放量产生了负面影响，但对其他收入水平国家二氧化碳排放的影响是正向的。可见，人口增长并不一定增加二氧化碳排放，还需要根据具体情况进一步分析。

（3）能源结构

能源结构是指各类能源在终端能源消费总量中的构成，化石能源占比越高，二氧化碳排放也就会越高；化石能源中高碳能源比重越高，二氧化碳排放也就会越高。以中国为例，受能源禀赋结构的影响，长期以来，煤炭在中国能源结构中占有相当高的比重。据《中国统计年鉴2016》数据测算，1978—2015年，煤炭在中国能源消费结构中的平均比重达到71%。而由于煤炭属于典型的高碳能源，其单位热值含碳量达到26.37吨碳/TJ，是汽油的1.4倍，是油田天然气的1.7倍。因此，越高比例的煤炭利用必然会导致更多的二氧化碳排放。在中国工业化、城镇化快速推进的背景下，能源消耗总量快速攀升，从1978年的5.7亿吨标准煤上升到2016年的43.6亿吨标准煤，翻了近8倍。以煤为主的能源结构和快速增长的能源消费总量成为中国碳排放量大幅提高的重要原因。Ramanathan（2006）对中、印、美、日间的能源消费和二氧化碳排放关系进行了考察，结果发现，由于中国和印度的终端能源消费中煤炭比例都高于50%，从而使得能源总体的碳排放系数较高，而美国、日本等国由于终端能源结构中核电等清洁能源占比较高，有效地降低了单位能源的碳排放水平。Xu等（2016）的研究发现，北京和上海由于大幅降低煤炭等高碳能源使用，从而显著地抑制了碳排放，而新疆由于能源结构中煤炭等高碳能源比例较高，能源结构效应在很大程度上促进了碳排放。显然，通过优化能源结构，增加清洁能源在终端能源消费中的比例可以有效地抑制二氧化碳排放。张雷（2003）、Wang（2005）等人通过研究认为，通过能源低碳化、多元化改造能够有效降低碳排放水平。林伯强和李江龙（2015）通过构建包含环境约束模型预测，能源结构优化可以在不明显抑制中国经济增长的前提下，实现煤炭消费和二氧化碳排放的显著下降。Xu和Lin（2016）研究也认为，由于在节能技术方面的研发投资增加，扩大了清洁能源的使用，能源结构优化对减少中国钢铁工业二氧化碳排放有很大的潜力。廖明球和许雷鸣（2017）通过 IO - SDA 模型（投入产出结构分解模型）对中国部门二氧化碳排放进行了分解后认为，应通过调整能源结构、优化产业结构等方式促进二氧化碳减排。

（4）能源效率、能源强度与碳排放强度

在学者们的研究结论中，能源效率、能源强度和二氧化碳排放强度等也是主要的影响二氧化碳排放的因素。从数学公式看，能源效率是经济产出与能源消耗的比率，而能源强度是能源消耗与经济产出的比率，二者之间是倒数关系；根据政府间气候变化委员会（IPCC）提供的二氧化碳排放计算方法，能源消耗量乘以各类能源的碳排放系数就等于二氧化碳排放量，因此，能源强度乘以对应能源的碳排放系数就是碳排放强度。可见，上述三个因素本质上是一致的。但从二氧化碳的实际产生过程看，能源效率、能源强度评价的是前端能源投入与最终经济产出之间的比率关系，而碳排放强度是生产过程产生的二氧化碳减去末端碳减排量后最终排放的部分与经济产出之间的比率，因此，能源强度与碳排放强度之间并不具有同步性和一致性。但在学者们的研究中，并未考虑各因素间的差异，仅将其作为平行的影响因素加以考察，并在区域和行业等层面上都得出了比较一致的结论。区域层面看，查冬兰等（2013）通过能源社会核算矩阵和 CGE 模型模拟等方法对能源效率与碳排放关系进行模拟发现，能源效率的提高会显著减少碳排放。Wang 等（2012）基于 STIRPAT 模型对北京地区二氧化碳排放影响因素进行了分析，发现能源强度下降能够有效地抑制二氧化碳排放，Zhang 等（2014）基于 Kaya 恒等式对北京的研究也得出了相同的结论。Xu 等（2016）利用对数平均分度指数（LMDI）方法对二氧化碳排放影响因素进行分析发现，除海南、广西、宁夏、新疆外，其他省市的能源强度效应明显抑制了碳排放，北京和上海的能源结构效应最明显地抑制了碳排放，而新疆的能源结构效应在很大程度上促进了碳排放；行业层面，Paul 和 Bhattacharya（2004）对 1980—1996 年期间印度工业和交通运输部门的碳排放进行了研究，结果发现能源效率提高是抑制二氧化碳排放的主要因素之一。Zhang 和 Jiang（2013）基于 1995—2010 年中国的省际面板数据对交通行业二氧化碳排放进行了测算，发现能源效率提高能够有效地降低二氧化碳排放。Fisher（2004）认为企业加大研发投入和提高人员的技能投入能够促进企业革新，对企业降低能源的使用很有帮助，有利于能源使用效率的提高。王韶华等（2014）利用 2005—2009 年中国制造业 30 个行业的面板数据探讨制造业行业能源结构和能源效率对碳强度的贡献，研究发现能源效率对降低碳强度的贡献比较显著。但也有学者得出相反的结论，认为能源效率提高，会变相降低企业能源使用成本，从而引致更多的能源消费，即回弹效应的存在。有关这一内容，将在后续内容中专门进行综述。Lin 和 Lei（2016）基于对数均分指数（LMDI）方法，对 1986 年至 2010 年中国食品工业能源消耗二氧化碳排放进行了研究，结果表明，能源强度是二氧化碳变化的主要决定因素，并认为提高能源利用效率是促进中国食品工业二氧化碳减排的重要选择。

（5）产业结构

产业结构指的是国民经济各部门之间及产业内部的构成情况。一般认为，工业领域的能源消耗较多，其二氧化碳排放规模也较大，因此，如果一个地区工业占比较高，那这一地区的二氧化碳排放水平也自然就越高；反之，如果一个地区工业占比较低，那它的二氧化碳排放水平也就相应较低。Li 等（2011）基于 STIRPAT 模型对中国二氧化碳排放影响因素进行分析后发现，产业结构（工业占三次产业结构的比重）是影响中国二氧化碳排放的主要因素之一。而 Wang 等（2016）基于 STIRPAT 模型，对 1995—2011 年中国省级层面二氧化碳排放的研究结论认为，第三产业比重上升有效地抑制了该时期中国二氧化碳的排放，并认为加快第三产业发展是未来促进中国二氧化碳减排的重要选择。Zhou 等（2017）在对 1996—2012 年中国八大区域碳排放与经济增长的关系进行研究后认为，推动产业结构升级是未来促进中国经济增长与二氧化碳排放脱钩的主要选择。

由于一国产业结构会直接影响其贸易结构，而贸易结构反过来也会对产业结构形成一定的影响，因此，贸易结构对二氧化碳排放的影响也被很多学者所关注。Rhee 和 Chung（2006）根据 1990 年和 1995 年的国际投入产出数据，通过国际贸易分析日本和韩国之间的二氧化碳传输问题，结果发现贸易结构是影响两国二氧化碳排放的重要因素之一。吴献金等（2012）研究了中日贸易的碳转移问题，发现中国对日出口确实提高了中国碳排放的水平。张为付（2011）研究了中国对外贸易引发的碳排放增加问题，发现对外贸易确实增加了中国的碳排放水平。Meng 和 Niu（2012）构建了一个三维绝对分解模型对中国碳生产率进行了计算，结果发现工业和出口贸易对碳生产率有显著的影响，而优化出口结构（主要是降低高耗能产品出口）、淘汰落后工业产能是未来提高中国碳生产率的主要方向。张旺、谢世雄（2013）运用三层嵌套结构式 I－O SDA（投入产出结构分解模型）技术对 1997—2007 年北京的碳排放增量进行了分解，结果表明：消费、投资、调出和出口等经济规模增长要素是增排的主要因素。

（6）其他因素

除上述几个影响碳排放水平的因素外，也有学者探讨了其他因素对碳排放的影响。主要包括：所有制结构、投资等因素。

王群伟等（2010）研究发现所有制结构对碳排放水平有显著影响；王维国等（2012）的研究发现对外开放度、产权所有制结构、政府支持力度对全国的全要素能源效率有显著的促进作用；马大来等（2015）的研究发现企业所有制结构以及政府干预对碳排放效率有正向影响。何小钢、张耀辉（2012）利用动态面板数据实证研究了工业碳排放的影响因素，结果发现投资规模与排放显著正相关；张兵兵等（2014）的研究发现固定资产投资与二氧化碳排放强度显著正相关；王钰、张连城（2015）的研究发现外商投资与二氧化碳排放强度增加正相关。Dean（2009）研究了环境规制对国际贸易的流向的影响和作用，以此来检验"污染天堂假说"。

此外，还有学者对道路与旅游目的地碳排放进行了研究，发现越高等级的公路所造成的碳排放越高（唐承财，穆松林，2016）。Wang（2016）等考虑了碳减排政策的影响，发现政府的环境规制政策对促进碳减排有显著的改善作用。

2.1.2 各影响因素的作用机制分析

从上述学者们关于二氧化碳排放影响因素的研究可以看出，学者们关注的是哪些因素影响二氧化碳排放，其影响程度如何，而对各因素的作用机制探讨较少，更多的是基于统计和计量结果，将各因素作为平行因素所形成的结论。事实上，仔细梳理可以发现，各因素对二氧化碳排放的影响机理存在着显著的差异。

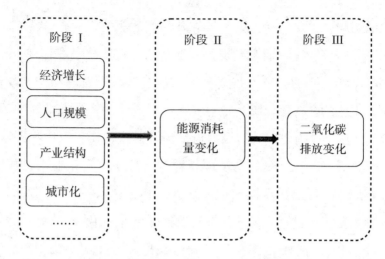

图 2-1 部分因素对二氧化碳排放的影响机理

如图 2-1 所示，对诸如经济增长、人口规模、产业结构及城市化等变量，它们影响二氧化碳排放的基本逻辑是这些变量的变化会导致能源消耗量变化，进而影响最终二氧化碳的排放水平，即这些变量对二氧化碳排放的影响要经过三个阶段。以经济增长为例，经济增长导致能源消耗量增加，从而导致二氧化碳排放增加。但进一步分析会发现，由第一阶段到第二阶段的变化需要有一些调节变量发挥作用。依然以经济增长为例，假设初始情景下，GDP 为 X，同期消耗的能源量为 Y，如果能源效率提高 100%，那么若下一年度 GDP 增长到 2X，由于能效提高，此时能源消耗量依然为 Y，经济增长并未带来二氧化碳排放的增加。或者假设能源效率没有发生变化，但能源结构得到了大幅优化，极端假设为全部使用清洁能源，那么理论上，当 GDP 增长到 2X 时的碳排放为"0"。

综上，本书认为，在影响二氧化碳排放的各因素中，一些因素是作为调节因素存在的，它们更多发挥的是其他因素与二氧化碳排放间的"调节器"作用；而另一些因素对二氧化碳的影响需要借助调节因素才能最终发挥作用，即它们对二氧化碳排放的影响是间接的，本书将其归类为间接因素。由于能源效率与能源强度是倒数关系，而能源强度与对应能源碳排放系数乘积的和即为碳排放强度，这三个因素本质上是一类，为便于后续讨论，本书后续讨论中一律以能源强度替代上述三个因素。由此，二氧化碳排放的影响机制可归纳为经济增长、产业结构、城市化、人口规模等间接因素在能源结构和能源强度等调节因素影响下，对最终二氧化碳排放产生影响（如图2-2所示）。这一机制归纳也将成为后续研究重要的理论支撑。

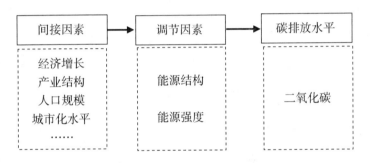

图 2-2 二氧化碳排放影响因素作用机制图

2.2 技术进步对二氧化碳排放的影响

2.2.1 技术进步的经济学回顾

关于技术进步核心意涵的理解，经济学界经历了漫长的探索历程。创新鼻祖熊彼特（1942）认为，技术进步是生产要素和生产条件等的新组合，并认为企业为追求利润最大化而推动的要素组合创新是推动经济增长的重要力量。索洛则使用"技术变化"来表示生产函数中任何形式的变更，认为产量衰减、增长和劳动力教育水平提升等均属于"技术变化"范畴。在 Solow（1956）与 Swan（1956）建立的新古典增长模型中，技术进步被认为是某种"神秘的外部力量"，是外生给定的，他们的模型中假定资本和劳动具有完全替代关系，由于要素存在边际收益递减问题，外生的技术进步就自然变成揭示经济增长的主要载体。索洛模型为解释经济增长提供了思路，但其局限也非常明显，那就是将经济长期增长的主要驱动力量寄托在了某种"神秘的外部力量"之上，制约了其对经济发展的指导价值。

针对新古典增长模型的技术外生性，此后的经济增长理论在技术内生化方面展开了大量研究。Arrow（1962）提出了"干中学（learning by doing）"模型，他认为，厂商可以通过生产经验积累实现劳动生产效率提高，其他厂商也可以通过学习并接受先进厂商的知识外溢来提高劳动生产效率。在他的模型中，"学习"和"经验积累"是核心要素，并通过物质资本投资进行表示。模型的成功之处是随着物质资本投资的增加，人力资本上升，技术进步实现了内生化。但也有学者认为，Arrow 关于知识的非竞争性和非排他性假设可能与实际并不相符，经济增长仍然取决于外生的人口（杨芳，2013）。Romer（1986）继承了阿罗的"干中学"思想，提出了以知识生产和知识溢出为基础的知识溢出模型，以创意或知识品为基础来理解经济增长和发展的机制，并将技术用体现于新设备、新原材料等物质产品的技术先进性表示。Lucas（1988）在 Uzawa（1965）的基础上建立了 Lucas - Uzawa 模型，用人力资本增长和外溢解释经济增长。此时，技术进步是内化于人力资本增长的无形要素。此后，Romer（1990）、Aghion & Howwitt（1992）及 Grossman & Helpman（1991）等提出和发展了 R&D 模型，将 R&D 活动作为技术进步的内生性来源，极大地提高了理论的解释力。

内生增长理论将知识和技术内生化，用内生化的技术解决其他要素收益衰减的问题，将技术视为一种无形的投入要素，内生于知识生产、积累过程之中，并随着 R&D 活动演化发展，推动技术进步，抵消其他有形要素衰减从而达到促进经济增长的目的。这一观点与 Arthur（2014）关于技术本质的讨论是一致的。Arthur 在《技术的本质》（2014）一书中关于技术的表述有三个核心概念，第一个概念是"技术是实现人的目的的一种手段"，此时，技术作为一种手段，可能是一种方法、过程或装置，是为实现人的目标而存在的。这种手段既可能是物质的，比如发电机为人类提供电力；也可能是非物质的，比如大数据应用中所设计的算法。第二个概念是"技术是实践和元器件的集成"。比如蒸汽机作为一种动力提供技术，其内部本身又是由多个具有一定功能的构件组合而成，每一个构件又是微缩的技术，而这些微缩的技术本身都是基于某些自然效应或现象形成的，具有递归性和层次性。第三个概念是"技术是作为在某种文化中得以运用的装置和工程实践的集合"，即认为技术本身会"遗传"和"进化"，会随着实践的发展而不断演化。在 Arthur 的技术概念体系中，这些被利用的"效应"和"自然现象"是构成技术的基础要素，技术正是利用了这些自然的要素才组合成为具有一定功能的技术体。显然，这与古典增长理论中"技术要素化"的内涵是一致的，这一认识是本书后续研究最重要的理论基础之一。

2.2.2　二氧化碳减排中技术进步的作用

技术进步对二氧化碳减排有显著的促进作用，为了更全面地反映学者们关于技术进步与二氧化碳减排之间的关系，本书用"二氧化碳"和"技术进步"两个关键词分别进行中英文文献组合检索。由于常见的技术进步翻译有"technical progress"和"technological changes"两种。因此，在进行英文文献检索时，分别用"technical progress"和"Technological changes"与"carbon dioxide"进行组合检索。最终英文文献检索到 344 篇，分布于 175 个期刊。中文核心期刊文献检索到 102 篇。经筛选，英文文献保留 42 篇，中文文献保留 10 篇。这 52 篇文献中，最早的发表于 1993 年，最近的发表于 2016 年。从文献类型看，主要以实证研究为主，有 36 篇，占到保留文献总数的 71%。

从文献分析结果看，学者们普遍认为技术进步对二氧化碳排放有显著的影响，只是在影响方向上，出现了截然不同的两种结论。

持肯定结论的研究认为，技术进步能够促进二氧化碳减排，其效果甚至超过其他所有的因素。Weyant（2000）在其对气候政策评估模型的总结报告中将技术进步作为最重要的减排影响因素加以考虑。Nordhaus（2002）和 Popp（2004）应用模型对技术进步与二氧化碳减排的关系进行了分析，结果发现，技术进步对二氧化碳减排具有无可置疑的促进作用；Bosetti（2006）等的研究发现，技术进步可以促进二氧化碳减排。Wei and Yang（2010）构造了一个基于内生增长理论的环境污染模型，结果发现技术进步对二氧化碳减排有显著的促进作用，并且表现出明显的区域差异。Okushima 和 Tamura（2010）利用投入产出分析，Manne、Richels（2004）和 Timilsina、Shrestha（2006）利用一般均衡模型（Computable General Equilibrium Model，简称 CGE）也发现技术进步是影响二氧化碳排放的主要因素，是促进减排的核心要素。IPCC 在《第三次评估报告》（2002）中甚至认为，技术进步是解决未来温室气体减排和气候变化问题的关键因素，其作用超过其他所有驱动因素。国内的何小钢、张耀辉（2012）基于对中国 36 个工业行业的考察也发现，技术进步确实促进了工业二氧化碳减排。刘殿兰和周杰琦（2015）研究发现，技术进步能够显著抑制二氧化碳排放，且呈现出逐步增强的效果。张鸿武、王珂英和殳蕴钰（2016）基于 1998—2013 年中国 36 个工业行业面板数据的实证结果也显示，技术进步在中国工业碳减排中起主导作用。

持否定结论的研究认为，技术进步不仅不能有效降低二氧化碳排放，有时甚至会增加排放。Jaffe（2002）等通过研究认为，技术进步的二氧化碳减排效果无法确定，既可能增加，也可能减少二氧化碳的排放。Ang（2009）利用一个包含环境因素的现代内生增长理论分析框架对二氧化碳排放影响因素进行了分析。结果显示，中国的二氧化碳排放与研发强度、技术转让、吸收能力等技术进步要素没有关联。孙建（2015）以 R&D 经费及 R&D 人员作为技术创新替代变量，利用具有内生结构突变特征的协整模型对中国技术创新与二氧化碳排放间的关系进行了考察，结果显示，技术创新虽然能够一定程度上抑制二氧化碳排放，但现阶段效果还不明显。Acemoglu 等（2010）的研究显示，技术进步在推动经济增长的同时甚至会带来更多碳排放。金培振等（2014）基于中国 35 个工业行业的实证研究也显示，技术进步在工业领域通过能源效率改进带来的减排效应尚不能抵消其推动经济增长带来的二氧化碳增长效应。师应来、胡晟明（2017）利用 VAR 模型对中国技术进步、经济增长与二氧化碳排放间的关系进行了分析，结果发现技术进步对经济增长和二氧化碳排放的影响不显著。

为何关于技术进步对二氧化碳排放的影响会出现不同，甚至是相反的结论呢？本书认为，这主要与技术进步对二氧化碳排放的影响机制及能源回弹效应等有关。从技术进步对二氧化碳排放的作用机理看，主要有三种情况：一是能源效率改进，即通过技术进步，提高能源效率，从而客观上起到减少能源消耗，降低二氧化碳排放的目标；二是能源结构优化，即技术进步促进清洁能源生产，提高最终能源消费中清洁能源的比例，降低经济增长对传统化石能源的依赖，从而降低二氧化碳排放；三是生产要素替代，即通过技术进步，改变经济增长中的要素结构，通过增加知识、资本等要素消耗，降低能源要素在经济系统中的份额，从而实现二氧化碳减排。在这三种机制中，能源效率改进会导致能源回弹已经是被学者们广泛证实的结论（Berkhout，Muskens，et al，2000；Chan，Gillingham，2015；邵帅，杨莉莉等，2013；佟金萍，秦腾等，2015），而能源回弹可能会导致能源消耗量增加，进而可能导致二氧化碳排放增加。加之学者们的研究对象、研究尺度不同，意味着其研究对象的要素结构、能源结构等都存在差异，能源替代程度及要素替代弹性就必然不同，技术进步对二氧化碳排放的影响就必然会表现出差异。

此外，技术进步的二氧化碳减排效果与技术进步的路径依赖也有关系。如果企业初始获利技术为"污染技术"（Pollution Technique），那么新技术依然可能是污染技术，就会增加二氧化碳排放；反之，如果企业初始获利技术是清洁技术（Clean Technology），那么新技术就有可能是清洁技术，就会降低二氧化碳排放（Acemoglu，2009）。可见，技术进步对二氧化碳排放的影响既可能促进，也可能抑制，关键取决于能源效率、能源替代、要素替代及路径依赖等因素综合作用的结果。这也是造成学者们对二氧化碳排放中技术进步效应不确定性产生的重要根源（张文彬，李国平，2015；鄢哲明等，2017）。

2.3 二氧化碳减排中的技术偏向及其发生机制

在实际的二氧化碳减排过程中，涉及多种技术投入，而技术之间由于要素结构差异,可能会发生偏向,对减排实践产生影响。关于这方面的研究,学者们也进行了大量探索。

2.3.1 技术偏向的基本原理

技术作为经济活动中的一种投入要素,通过增强其他要素产出而推动经济发展。在现实中,经济活动中会有多种要素参与,技术要素是否"公平"地增强各参与要素产出,抑或"偏向"某些要素是需要研究的问题。

从技术的本质看,作为一种要素会受到其积累、成长等过程的影响。同时,经济活动中各参与要素也会因要素价格、禀赋条件等的不同而表现出差异化的技术接纳能力,技术很难"公平"地增强所有参与要素的产出水平,即技术进步是存在偏向的。关于这方面的研究,其思想最早可以追溯到 Hicks(1932)在其《工资理论》中提出来的"生产要素相对价格的变化是推动特定技术发明的重要动力"著名论断。他定义了三种情形的技术偏向:假定生产中的资本劳动比(K/L)不变,在技术进步之后,如果资本与劳动的边际产出比增大,则认为技术进步是偏向资本的;如果资本与劳动的边际产出比变小,则认为技术进步是偏向劳动的;如果资本与劳动的边际产出比没有发生变化,则认为技术进步是中性的。由于 Hicks 对技术偏向的定义是以资本劳动比不变为前提,即认为经济发展中资本和劳动两种要素之间不存在弹性,而这显然与实际不符。实践中,厂商会根据技术进步情况适时调整其要素投入结构,做出最合理的安排。因此,长期看,资本劳动比不变的假设并不成立,Hicks 的技术偏向定义只适合于分析静态情形(陆雪琴,章上峰,2013),即适用于短期内技术的一次性冲击情形,由于时间太短,厂商还来不及做出要素调整,资本劳动比能够保持不变。

　　针对 Hicks 技术偏向定义的不足，Harold 和 Solow 又在其基础之上，分别在假定资本产出比不变或劳动产出比不变之后，对技术偏向又重新进行了定义。Harold 技术偏向的定义为：假定资本 K 与产出 Y 的比 K/Y 不变，在技术进步前后，若资本边际产出提高，则技术进步为资本偏向型，反之则为劳动偏向型的，若保持不变，则认为是中性的技术进步。Solow 技术偏向的定义为，假定劳动 L 与产出 Y 的比 L/Y 不变，在技术进步前后，若劳动的边际产出提高，则技术进步为劳动偏向型的；若劳动的边际产出减小，则技术进步为资本偏向型的；如果劳动的边际产出不变，则技术进步为中性的。然而，由于此时的技术偏向定义缺乏微观基础，正如 Nordhaus（1973）说的那样，"我们不清楚谁会从事 R&D 活动，以及如何为创新融资和定价"，这一缺陷一定程度上影响了人们研究的兴趣，此后几十年，关于技术偏向方面的研究进展缓慢。直到 Romer（1990）、Grossman & Helpman（1991）、Aghion（1992）和 Howitt（1998）等人对内生技术变迁理论进一步发展完善之后，技术偏向理论才重新得到学术界的追捧，特别是 Acemoglu 等人的系列成果，从微观厂商的生产行为出发，研究技术进步的偏向性，弥补了技术偏向研究缺乏微观基础的问题，基本奠定了目前在技术偏向研究领域的基础。

　　为进一步揭示技术偏向的理论机理，下面以 Acemoglu（2002）的研究为基础，概要地展示了技术偏向的数理过程。

　　假定在一个两部门经济中，最终产品由两种中间产品联合生产，总产出函数为 CES 函数：

$$Y(t) = \left[\gamma_L Y_L(t)^{\frac{\varepsilon-1}{\varepsilon}} + \gamma_H Y_H(t)^{\frac{\varepsilon-1}{\varepsilon}} \right]^{\frac{\varepsilon}{\varepsilon-1}} \tag{1}$$

　　其中，Y_L 和 Y_H 为中间产品，但生产这两种中间产品所需要的要素组合不同。假设有两种不同的生产要素：H 和 L（可以是资本和劳动，技能劳动和非技能劳动，清洁技术和污染技术等），中间产品的生产函数形式如下：

$$Y_L(t) = \frac{1}{1-\beta}(\int_0^{NL} x_L(v,t)^{1-\beta}) L^{\beta} \tag{2}$$

$$Y_H(t) = \frac{1}{1-\beta}(\int_0^{NH} x_H(v,t)^{1-\beta}) H^{\beta} \tag{3}$$

$x_L(v,t)$ 和 $x_H(v,t)$ 表示不同类型机器设备的数量，两部门所使用的机器设备由垄断厂商提供，且该垄断厂商对机器设备拥有永久专利权。在这个经济系统中，垄断厂商的研发投入是推动技术进步的主要动力，厂商的创新可能性边界表示为：

$$\dot{N}_L(t) = \eta_L Z_L(t) \tag{4}$$

$$\dot{N}_H(t) = \eta_H Z_H(t) \tag{5}$$

Z_L 和 Z_H 表示垄断厂商为开发 L 要素增进型新设备和 H 要素增进型新设备而产生的研发投入。

在内生增长模型框架下，利润是激励厂商开展研发活动的主要动力，研发投向取决于利润最大化条件。假设机器设备无残值，此时厂商利润最大化可表示为：

$$\underset{L[x_L(v,t)],v\in[0,N_L(t)]}{Max} P_L Y_L(t) - w_L(t) L - \int_0^{N_L} P_L^x x_L(v,t) dv \tag{6}$$

$$\underset{H[x_H(v,t)],v\in[0,N_H(t)]}{Max} P_H Y_H(t) - w_H(t) L - \int_0^{N_H} P_H^x x_H(v,t) dv \tag{7}$$

当经济达到平衡增长路径时，技术进步的偏向性取决于：

$$\frac{V_H}{V_L} = (\frac{P_H}{P_L})^{\frac{1}{\beta}} \frac{H}{L} \tag{8}$$

其中，V_H 和 V_L 分别表示两部门创新产出的利润净现值。按照利润最大化推测，厂商会将资源投向利润更大一方的创新活动。即当 $V_H >$

V_L 时，厂商会将资源投向 H 设备增进型研发活动，反之就投入到 L 增进型设备研发活动上。

根据（8）式，Acemoglu（2002）进一步研究后认为，当经济达到均衡时，技术偏向受价格效应和市场规模效应两种效应影响。其中，价格效应指的是企业为了实现利润最大化，在存在资源约束的情况下，为了节约稀缺要素而引进和研发新技术，并借助新技术提升稀缺要素的生产率，从而增加产出，即企业愿意支付技术创新成本以节约昂贵要素，价格效应的结果是技术偏向于稀缺要素。市场规模效应指企业为了扩大市场份额，会通过扩大丰裕要素的使用规模来提高产出，在过程中，会借助技术进步提高要素的生产率，此时，企业所引进和研发的技术会与相对丰裕的生产要素相匹配，技术偏向于丰富的要素。到底哪种效应发挥作用主要取决于两种要素间的替代弹性，当两种要素为替代品时（即其替代弹性 $\sigma > 1$），市场规模效应发挥作用，技术偏向于丰富的生产要素；当两种要素为互补品时（即其替代弹性 $\sigma < 1$），价格效应发挥作用，技术偏向于稀缺的生产要素。

2.3.2 二氧化碳减排中技术偏向的发生机制

如前所述，技术作为一种无形的要素投入普遍存在于各类社会经济活动中，技术进步通过增强其他要素的产出而实现经济增长。二氧化碳是经济系统的负产出，技术进步的目标是通过改善其他要素质量而减少二氧化碳排放水平。根据二氧化碳减排影响因素及其作用机制差异，可将其粗略划分为三个阶段（如图 2 – 3）所示。

第一个阶段是生产端，即化石能源生产阶段。在这一阶段，为了减少二氧化碳排放，综合运用管理技术和生产技术等手段促进能源清洁化，如通过煤炭洗选技术进步（主要表现为洗选设备的革新和洗选工艺的改进）实现煤炭清洁化，通过核技术进步使核能利用成为可能，通过开采技术进步使得页岩油、页岩气低成本开采成为可能，清洁能源的广泛使用会替代化石能源，从而减少二氧化碳排放。该阶段所涉及的技术是一类技术，该类技术的共同特征是能够向生产系统提供更加清洁的能源产品，这里的技术既包括"硬"的技术，也包括资源配置等"软"的管理技术。本书将其命名为能源生产类技术。

第二个阶段是转化端，即使用能源的过程。该阶段为了减少二氧化碳排放，需要通过优化资源配置、提高能源使用效率等手段，间接起到降低能源使用规模，从而减少二氧化碳排放。如通过使用高能效锅炉、富氧燃烧及余热回收利用等方式提高能源使用效率。该阶段所涉及各类技术尽管表现形式不一，但其核心是通过改进燃烧技术，提高燃料放热水平或余热综合利用等，从而起到提高能源使用效率的目的。该类技术解决的是特定能源如何使用的问题，如高效煤粉锅炉的核心技术是将原煤研磨至200目细度的煤粉，并在研磨过程中充分去除杂质，提高燃料的燃尽率，提高能源使用效率。中信重工水泥窑协同处置垃圾则是利用水泥生产系统的部分高温气体对生活垃圾进行烘干、焚烧，然后将所产生的余热和废物再回到水泥窑，从而起到减少能源消耗的作用。本书将该类技术统称为能源利用类技术。

第三个阶段是处置端，即产生二氧化碳后的后续处置阶段。二氧化碳产生后，为了减少排放到空气中二氧化碳的规模，可采取一些管理和技术手段，将二氧化碳吸收处理和利用。该阶段常见的技术有森林碳汇、二氧化碳捕集、封存及资源化利用等，如利用二氧化碳生产碳酸二甲酯。该类技术针对的是二氧化碳生成后的处置和利用问题，本书将其统称为末端处置类技术。

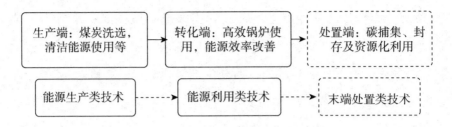

图 2 - 3　二氧化碳生成阶段与技术构成

注：由于末端处置类技术难以量化，且其减排规模相对较小，后文不再考虑，故用虚线表示

从这些阶段所涉及技术的本质看，能源生产类技术通过提供清洁能源减少二氧化碳排放，能源利用类技术通过提高能源使用效率，间接降低能源消耗而减少二氧化碳排放，末端处置类技术通过捕集、封存及资源化利用二氧化碳而减少排放到空气中的温室气体规模。可见，各阶段技术所利用的"自然现象"或"效应"并不相同，即各阶段所投入的技术要素是异质的。而同一经济系统中，异质性技术要素可能就会因其要素稀缺程度不同而使得技术进步出现偏向。那么在二氧化碳减排过程中，作为异质性的能源生产类技术、能源利用类技术和末端处置类技术是否会表现出偏向性呢？

关于这方面的研究，本书分别以技术偏向常见的两种译法"Biased technical change""Directed technical chang"和"Carbon dioxide"进行英文文献组合查询，共检索到110篇文献，来源于79个期刊。以"技术偏向""导向性技术进步"和"二氧化碳"进行中文文献组合查询，共检索到2篇文献。经筛选，英文文献保留7篇，中文文献因主题不相关，没有保留。保留文献中，均为2014—2016年期间发表的文献，且均为实证分析类型。

从研究内容上看，7篇英文文献中，有6篇是基于 Acemoglu 等

（2012）的研究展开的，所讨论的主要是清洁技术和污染技术偏向问题，本质上与本书所关注的二氧化碳减排过程异质性技术要素偏向问题是一致的。

Acemoglu 等（2012）假设生产中大多数技术可以被分为清洁或污染技术，不同产业部门拥有不同类型技术，研发活动是技术进步的源泉，他们研究发现：清洁技术和污染技术的创新活动在经济均衡下具有差异化的经济产出和碳排放影响，对碳强度的影响机理和影响效果可能存在差异。具体看就是，清洁技术创新由于在带动产出增长的同时，不会使得碳排放增长更多，因此，可能会引起碳强度下降。而污染技术创新不仅带动产出增长，同时也会使得二氧化碳排放增加，最终究竟会导致碳强度上升、不变抑或下降，取决于技术进步的偏向性和其他的经济参数。基于 Acemoglu 等（2012）的研究，学者们讨论了政府政策，如研发补贴和碳税政策对清洁技术和污染技术的影响（Acemoglu 等，2014；Mattauch 等，2015；Huisingh 等，2015；Aghion 等，2016；Ace-moglu 等，2016；Calel，Dechezlepretre，2016），结果普遍认为政府政策，如研发补贴、碳税、碳交易体系等对生产中清洁技术偏向有积极作用。Wesseh 和 Lin（2016）研究了西共体国家可再生能源和不可再生能源之间的替代弹性，认为短期内应以不可再生能源高效发电为主，而长期则应转向可再生能源利用，且资本、劳动等投入对这一进程的影响不太显著。

从二氧化碳减排中三类异质性技术投入看，与 Acemoglu 等（2012）所讨论的清洁技术、污染技术两种替代技术不同，从技术进步目标看，在不考虑预算约束的情况下，三类技术都是为实现二氧化碳排放最小化，它们之间是互补的。根据前述关于技术偏向理论机理中式（8）的表述，互补的技术之间决定偏向性的是价格效应，技术进步会偏向于稀缺的要素。从实现机制上（如图2-4所示），作为互补的能源生产类技术、能源利用类技术和末端处置类技术，在价格效应的影响下，使得减排过程最终偏向于较为稀缺的技术。此时，问题就转化为讨论三类技术相对稀缺性问题，这为本书研究提供了重要的判断依据。

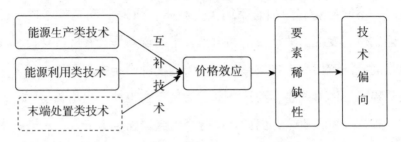

图2-4　二氧化碳减排技术偏向发生机制

2.4　小　结

推进二氧化碳减排是当前中国迫切需要解决的问题，厘清二氧化碳排放的影响机理、明确减排对策是重要基础。本书基于系统性综述法理念，借助文献计量工具，对所收集文献进行筛选，在深度分析后对相关议题进行了研究和讨论。

首先，对于二氧化碳排放影响因素的作用机制方面，学者们运用多种方法，对不同尺度下二氧化碳排放问题进行了研究，在影响因素上基本形成了共识。但由于各影响因素的作用机理存在差异，缺乏机理分析的实证结论可能会将同质的，甚至是不同侧面的因素放到同等位置进行分析，进而降低研究结果对实践的指导价值。本书通过对各影响因素的机理分析，从逻辑和数理两个方面对这些因素进行了分析，认为这些因素对二氧化碳的影响程度和影响方式存在差异，一些因素对二氧化碳排放的影响是通过其他因素的变化而间接发挥作用的。因此，本书将二氧化碳排放影响因素划分为间接因素和调节因素两类，为后续研究提供了理论基础。

其次，对于二氧化碳减排过程中的技术进步问题，尽管大多数学者认可技术进步在二氧化碳减排中的作用，但在技术进步如何影响二氧化碳排放方面出现了分歧。一种观点认为技术进步能够提高能源效率、优化能源结构，促进产业结构升级，因此对减排有正向促进作用。持反对的观点认为，技术进步固然会促进能源效率提高，但由于能源回弹效应的存在，技术进步甚至可能导致二氧化碳排放增长。事实上，从过程上看（如图2-4所示），能源回弹是能源消耗量的提升，而能源消耗量上升是否会导致二氧化碳排放量增长还与能源结构及末端治理等变量有关。因此，能源回弹是否会导致二氧化碳回弹还有待进一步研究。

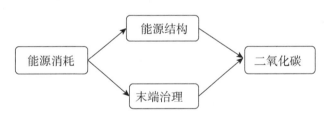

图2-5 能源消耗与二氧化碳排放关系

再次，在二氧化碳减排技术偏向方面，古典增长理论将技术视为生产中的一种要素，二氧化碳的产生过程也是一个经济过程，同时会有多个异质性的技术投入。由于异质性技术之间具有差异化的要素结构，在演化过程中必然会因要素稀缺程度不同而出现偏向。已有的研究也关注到了异质性技术偏向的问题，比如 Acemoglu 等（2012）关于清洁技术和污染技术的讨论，这与本研究所讨论的能源生产类技术、能源利用类技术、末端治理类技术本质上是一致的，都是在研究技术进步方向偏向哪一种技术要素的问题。所不同的是，清洁技术和污染技术是替代技术，而本书所讨论的三类技术之间，在不考虑资源约束的情况下，彼此可能是互补的，而这一根本差异就决定了二氧化碳减排技术进步的偏向类型，对指导中国未来减排实践有重要的现实意义。

第3章

中国二氧化碳减排中的技术偏向性检验

技术进步是重要的二氧化碳减排措施。中国是世界上最大的二氧化碳排放国，强化技术在二氧化碳减排中的作用是缓减环境约束、兑现国际减排承诺的重要选择。从二氧化碳产生过程看，本书将其划分为能源生产类技术、能源利用类技术和末端治理技术。由于末端治理技术难以评价，且根据《中华人民共和国气候变化第一次两年更新报告》公布的数据，由森林碳汇和二氧化碳资源化处理等末端处置类技术贡献的减排量仅为8%左右，占比较小，因此，本书不做考虑。对于能源生产类技术和能源利用类技术而言，根据本书第二章的理论分析，二者作为异质性的技术要素投入，可能会因稀缺程度不同而出现偏向，进而给减排效果估计和技术减排政策制定带来困扰。因此，对中国二氧化碳减排过程中的技术偏向特征进行估计是后续研究的重要基础。

本章将在全面分析中国二氧化碳排放现状及减排技术发展概况的基础上，借助计量模型，对中国二氧化碳减排中的技术偏向特征进行测度，从而为估计异质性技术的减排效果和制定技术减排政策提供实证依据。

3.1　中国二氧化碳排放的来源及特征

3.1.1　中国二氧化碳排放的主要来源

二氧化碳是含碳物质燃烧、逃逸及动物代谢等的自然产物，特别是含碳物质燃烧是形成二氧化碳的主要来源。一般所指的二氧化碳排放指的是理论排放量减去被吸收和处理的量后排放到大气中的量。

根据国家发展和改革委员会应对气候变化司编制的《中华人民共和国气候变化第一次两年更新报告》（以下简称《更新报告》）和《中华人民共和国气候变化第二次国家信息通报》（以下简称《第二次信息通报》），中国二氧化碳的来源主要分为五大类22个具体方面：

第一是能源活动，指的是化石能源燃烧和化石能源在运输过程中逃逸到大气中的二氧化碳。从两份报告公布的数据看，仅包含了化石能源燃烧部分，而没有对运输中逃逸的二氧化碳进行核算。

第二是工业生产过程，指的是工业品生产过程中所释放的二氧化碳，但在核算范围上，《第二次信息通报》细分为水泥生产过程、石灰生产过程、钢铁生产过程、电石生产过程、石灰石和白云石使用、己二酸生产过程、硝酸生产过程、铝生产过程、镁生产过程、电力设备制造和运行、半导体生产过程、一氯二氟生产、臭氧消耗物质替代生产和使用13个具体方面。而《更新报告》则将其合并为非金属矿物制品、化学工业、金属制品生产、卤烃和六氟化硫生产、卤烃和六氟化硫消费五个方面，其中非金属矿物制品增加了玻璃生产，化学工业增加了纯碱生产，金属制品生产增加了铁合金及镁冶炼。

第三是农业活动，指的是因农业活动所引致的二氧化碳排放，主要包括动物肠道发酵、动物粪便管理、水稻种植、农用地、农业废弃物田间焚烧。但由于数据采集困难，在两份报告中并未公布此类别下的二氧化碳排放数据。

第四是土地利用变化和林业，指的是因土地植被、森林等绿色植物光合作用而吸收的二氧化碳，即俗称的碳汇。核算范围主要包括森林和其他木质生物质储量的变化和森林转化。

第五是废弃物处理，指的是各类废弃物在处置过程中所排放的二氧化碳。主要包括固体废物处理、污水处理和废弃物燃烧处理等。由于固废处置和污水处理基本不产生二氧化碳，因此，两份报告中主要核算的是废弃物燃烧处理产生的二氧化碳。

3.1.2 全国层面的二氧化碳排放特征

二氧化碳是由能源活动、工业生产、农业活动、土地和森林变化及废弃物处理等环节综合作用形成的，根据《更新报告》和《第二次信息通报》的核算方法，排放方面主要考虑能源活动、工业生产和废弃物处理三个环节，吸收方面主要考虑土地和森林变化。但受能源、工业生产相关数据的局限性（主要是能源数据的完整性和前后口径的一致性），很难准确核算二氧化碳排放数据。为了更好地反映中国二氧化碳排放的特征，本书以美国田纳西州橡树岭国家实验室数据和中国公布的两份报告数据为对象，通过同一核算体系下的自我比较，反映中国的二氧化碳排放特征。

从排放的总量变化趋势上看，改革开放以来，特别是进入 2005 年以来，中国经济发展迅猛，城市化进程持续加快，能源消耗水平快速攀升，二氧化碳排放上升明显。根据美国田纳西州橡树岭国家实验室环境科学部二氧化碳信息分析中心数据显示（数据明显高于中国国内机构测算数据，《更新报告》和《第二次信息通报》两份报告公布的数据为2005年55.5亿吨，2012年93.2亿吨，见图3－1），1978年，美国的二氧化碳排放是中国的三倍多，为48.91亿吨，但总体上美国的排放量在此后并未出现显著的变化。而中国则呈现出明显的上升趋势，特别是从2001年开始，中国二氧化碳排放量上升速度加快，2005年达到58.9亿吨，超过同期美国的57.9亿吨，成为全球最大的二氧化碳排放国。2014年中国的二氧化碳排放量更是高达102.9亿吨，占同期全球排放的近1/3。在全球变暖日益受到关注的背景下，中国面临巨大的二氧化碳减排压力。事实上，近年来，中国也一直通过优化能源结构、调整产业结构、淘汰落后产能、促进技术进步等措施促进二氧化碳减排，也取得了一定的成效。但由于中国二氧化碳排放构成复杂，行业之间、地区

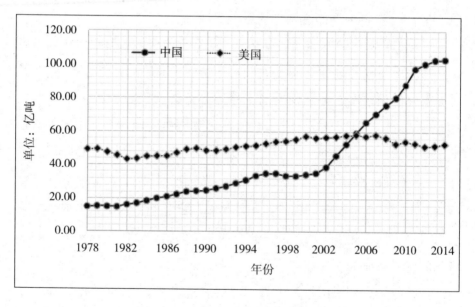

图3－1　中国二氧化碳排放变化趋势

注：根据美国田纳西州橡树岭国家实验室数据整理

之间在发展阶段、技术基础等方面存在明显差异，二氧化碳排放上升的趋势并未出现明显的改善。

从排放的内部结构看，根据两份报告公布的二氧化碳排放量数据（表3-1所示），能源活动仍然是主要的二氧化碳排放来源，特别是能源工业（化石能源燃烧）是主要的二氧化碳排放源，所排放的二氧化碳占比均在40%以上；其次是制造业和建筑业，占总排放量的比重也超过三成。值得注意的是交通运输业，其所排放的二氧化碳占比从2005年的7.49%上升到2012年的8.46%，日益成为重要的二氧化碳排放源。工业生产大类中，非金属制品业是主要的二氧化碳排放源，占比达到9%左右。特别是工业生产中的水泥生产和石灰生产是主要的二氧化碳排放源。

表3-1 2012年中国二氧化碳排放来源

类别	来源	2012年		2005年		2012比2005占比变化
		数量（万吨）	占比（%）	数量（万吨）	占比（%）	
能源活动	能源工业	407822	43.77%	240828	43.36%	上升
	制造业和建筑业	320534	34.40%	211403	38.06%	下降
	交通运输	78863	8.46%	41574	7.49%	上升
	其他行业	61610	6.61%	46626	8.39%	下降
工业生产过程	非金属矿物制品业	83403	8.95%	50761	9.14%	下降
	化学工业	13108	1.41%	1404	0.25%	上升
	金属制品生产	22806	2.45%	4695	0.85%	上升
土地利用变化和林业	森林和其他木质生物质储量变化	-59753	-6.41%	-44634	-8.04%	下降
	森林转化	2168	0.23%	2481	0.45%	下降

类别	2012 年			2005 年		2012 比2005 占比变化
	来源	数量（万吨）	占比（%）	数量（万吨）	占比（%）	
废弃物处理	废弃物焚烧处理	1180	0.13%	266	0.05%	上升
总量		931741	100.00%	555404	100%	

注：本表数据由作者根据《中华人民共和国气候变化第二次国家信息通报》和《中华人民共和国气候变化第一次两年更新报告》整理

3.1.3　地区层面的二氧化碳排放特征

中国存在明显的二元经济结构，地区之间在产业结构、技术水平及发展阶段等方面存在显著差异。有些地区因为发展速度快，已基本完成工业化，三大产业中，服务业占比较高，二氧化碳排放已达峰并呈缓慢下降趋势，如北京和上海的二氧化碳排放从 2007 年开始就缓慢下降（赵立祥，刘亚萍，2015）。还有些地区，受国家政策、资源禀赋及区位等因素影响，其产业主要以服务业为主，碳排放水平较低，如以服务业为主的海南，其二氧化碳排放不论规模还是强度都显著优于全国大部分地区（李志学，孙敏，2016）。显然，地区排放特征是中国二氧化碳排放总体特征的重要组成部分，也是未来碳排放份额分配及差异化减排政策制定的重要依据。

由于未检索到有关中国不同省份二氧化碳排放的权威数据，为分析地区层面二氧化碳排放的变化特征，需采集数据进行核算。核算范围上，根据《更新报告》和《第二次信息通报》中二氧化碳的排放结构看，考虑森林碳汇的情况下，能源活动和工业生产过程所排放的二氧化碳占总量的近95%，鉴于森林碳汇计算的复杂性，本书仅将能源活动和工业生产过程纳入核算范围。

考虑数据可得性和统计口径的一致性，能源活动主要考虑煤炭、焦炭、原油、燃料油、汽油、柴油、煤油和天然气八种化石能源。能源数据来源于《中国能源统计年鉴》，核算方法上，参照 IPCC（2006）所使用的二氧化碳排放计算方法，能源活动二氧化碳排放按如下公式计算：

$$E_{co_2} = \sum_{i=1}^{30} \sum_{j=1}^{8} D_{ij} K_j \qquad (3.1)$$

$$K_j = Q_j \times C_j \times L_j \qquad (3.2)$$

其中：

E_{co_2} 表示能源活动排放的二氧化碳量；

D_{ij} 表示 i 省份第 j 种化石燃料的表观消费量，单位为吨标准煤；

K_j 表示第 j 种化石能源的二氧化碳排放系数；

Q_j 表示第 j 种化石能源的平均低位发热量（见表 3-2）；

C_j 表示第 j 种化石燃料的排放因子（见表 3-2）；

L_j 表示第 j 种化石燃料的碳氧化系数（见表 3-3）。

表3-2 中国主要化石能源热值及排放因子

燃料名称	平均地位发热量 TJ/10^4 t	排放因子 10^4 t/TJ
原煤	209. 08	0.00946
焦炭	284. 35	0.0107
原油	418. 16	0.00733
汽油	430. 7	0.00693
煤油	430. 7	0.00715
柴油	426. 52	0.00741
燃料油	418. 16	0.0077314
天然气	3893.1 TJ/10^8 m^3	0.00561

注：本表由作者根据徐委军（2013）整理

表3-3　主要化石能源氧化系数表

燃料类型	工业	农业	建筑业	交通	商业	生活消费	其他	平均氧化系数
原煤	0.899	0.899	0.899	0.8	0.8	0.8	0.8	0.84
焦炭	0.97	0.97	0.97	0.97	0.97	0.97	0.97	0.97
原油	0.98	0.98	0.98	0.98	0.98	0.98	0.98	0.98
汽油	0.98	0.98	0.98	0.98	0.98	0.98	0.98	0.98
煤油	0.98	0.98	0.98	0.98	0.98	0.98	0.98	0.98
柴油	0.98	0.98	0.98	0.98	0.98	0.98	0.98	0.98
燃料油	0.98	0.98	0.98	0.98	0.98	0.98	0.98	0.98
天然气	0.99	0.99	0.99	0.99	0.99	0.99	0.99	0.99

注：本表由作者根据徐委军（2013）整理

工业生产过程主要考虑生铁、粗钢、水泥、纯碱、合成氨和平板玻璃六种，工业产品产量来源于《中国工业经济统计年鉴》。工业生产过程二氧化碳排放量的计算公式如下：

$$I_{co_2} = \sum_{i=1}^{30} \sum_{j=1}^{6} Q_{ij} \times A_j \qquad (3.3)$$

其中：

I_{co_2} 表示工业生产过程二氧化碳排放总量；

Q_{ij} 表示第 i 省份第 j 种工业产品产量；

A_j 表示第 j 种工业产品的二氧化碳排放因子（见表3-4）。

表3-4　主要工业产品二氧化碳排放因子

主要工业产品	排放因子（吨 CO_2/吨）
水泥	0.52
玻璃	0.2
生铁	1.35

主要工业产品	排放因子（吨 CO_2/吨）
钢	1.06
合成氨	2.104
纯碱	0.138

注：本表根据 IPCC（2006）方法 1 下各类别产品平均排放因子整理

从计算的结果看，总量上，与美国橡树岭国家实验室公布的数据进行比较（如图 3-2 所示）可以发现，二者趋势上基本一致。从结构上看（如图 3-3 所示），能源活动是主要的二氧化碳排放来源，这与《第二次信息通报》及《更新报告》中所公布的 2005 及 2012 年构成相似。只是本书所计算数据略高，这可能是由于本书并未考虑森林碳汇及资源化利用等减排环节，且考虑到各省区受相互贸易等因素影响，部分环节可能存在重复统计，从而推高二氧化碳排放总量。但作为趋势分析，本书所计算的数据能够满足研究需要。

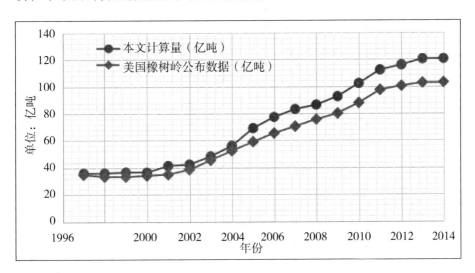

图 3-2 本书计算二氧化碳排放量与美国橡树岭实验室公布数据比较

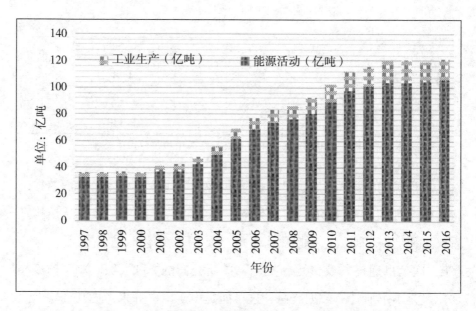

图3-3　1997—2016年各省区能源活动与工业生产二氧化碳排放结构比较

首先，按照东部、中部、西部和东北四大区域划分看（见表3-5、3-6、3-7、3-8），与1997年相比，各地区二氧化碳排放量均有显著的上升，这与同期中国经济发展、城市化水平快速提升有关。相比较而言，东部、西部上升幅度明显，特别是东部的山东省，从1997年的2.66亿吨，上升到2016年的14.17亿吨，上升了近6倍；西部地区的内蒙古从1997年的0.93亿吨上升到2016年的5.68亿吨，也上涨了6倍多。而中部和东北地区相对较为缓慢，上涨幅度最大的河南省，从1997年的1.56亿吨，上升到2016年的5.75亿吨，上升了不到4倍。这种相对变化趋势与该期间各区域总体发展情况基本相符。东部地区凭借良好的产业基础和区位优势，经济发展迅速，工业化、城市化快速推进，能源消耗规模显著提升，导致二氧化碳排放规模上升明显。西部地区也在国家"西部大开发"政策的带动下，凭借其丰裕的资源和充足的劳动力资源，经济进步明显，特别是高载能产业发展迅速，成为推动二氧化碳排放规模快速上升的重要动力。相比较而言，中部地区和东北地区发展相对缓慢，因此其二氧化碳排放规模上升幅度就不及东部和西部地区。

值得注意的是以山西、内蒙古、陕西、贵州、河南、山东、安徽、新疆8省区为主体的煤炭资源型省区，在1997—2016年期间，其所排放的二氧化碳占全国同期比重快速上升（见图3－4），从1997年的30.91%上升到2016年的38.57%，上涨了近8个百分点；而与之形成鲜明对比的是长江经济带11省（包括上海、江苏、浙江、安徽、江西、湖北、湖南、重庆、四川、贵州、云南）及京津冀经济区（包括北京、天津、河北）二氧化碳排放占全国比重则出现下降，前者从1997年的34.03%下降到2016年的33.69%，后者从1997年的11.31%下降到2016年的9.28%。这种相对变化趋势与长江经济带及京津冀经济区产业结构调整及技术进步驱动有密切关联，这也为未来促进全国二氧化碳减排提供了思路和借鉴。

表3－5　1997—2016年东部地区二氧化碳排放计算结果

单位：亿吨

年份	北京	天津	河北	上海	江苏	浙江	福建	山东	广东	海南
1997	0.99	0.72	2.33	1.51	2.06	1.34	0.56	2.66	2.24	0.07
1998	0.98	0.71	2.36	1.53	2.12	1.35	0.58	2.55	2.33	0.07
1999	1.00	0.75	2.45	1.61	2.21	1.46	0.63	2.59	2.55	0.09
2000	1.02	0.84	2.57	1.76	2.35	1.75	0.69	2.70	2.83	0.10
2001	1.01	0.88	2.72	1.83	2.42	1.84	0.58	3.10	2.96	0.14
2002	1.01	0.89	3.07	1.93	2.65	2.10	0.81	3.24	3.18	0.16
2003	1.05	0.99	3.60	2.16	3.09	2.40	0.97	4.05	3.51	0.18
2004	1.18	1.11	4.22	2.29	3.69	2.84	1.11	5.22	3.99	0.17

年份	北京	天津	河北	上海	江苏	浙江	福建	山东	广东	海南
2005	1.20	1.19	5.24	2.46	4.66	3.29	1.31	6.92	4.43	0.16
2006	1.23	1.29	5.74	2.46	5.09	3.58	1.46	7.94	4.89	0.28
2007	1.33	1.38	6.21	2.51	5.48	3.89	1.67	8.44	5.11	0.56
2008	1.34	1.35	6.52	2.64	5.54	3.97	1.69	8.83	5.19	0.56
2009	1.39	1.48	6.98	2.65	5.94	4.19	2.06	9.32	5.54	0.62
2010	1.41	1.87	7.62	2.86	6.64	4.51	2.37	10.43	6.22	0.66
2011	1.32	2.05	8.63	2.91	7.30	4.76	2.59	11.00	6.49	0.75
2012	1.32	2.02	8.68	2.89	7.55	4.59	2.63	11.64	6.39	0.77
2013	1.17	2.09	8.64	2.88	7.83	4.67	2.59	11.52	6.46	3.45
2014	1.22	2.02	8.20	2.78	7.99	4.59	3.08	12.38	6.58	0.80
2015	1.15	1.96	8.06	2.91	8.09	4.60	3.00	13.09	6.62	0.88
2016	1.11	1.94	8.20	3.06	8.33	4.65	2.99	14.17	6.72	0.99

注：本表数据根据式3.1和式3.3计算得到

表3-6 1997—2016年中部地区二氧化碳排放计算结果

单位：亿吨

年份	山西	安徽	江西	河南	湖北	湖南
1997	2.31	1.11	0.58	1.56	1.52	1.04
1998	2.36	1.14	0.60	1.65	1.46	1.06
1999	2.18	1.18	0.63	1.70	1.51	0.98
2000	2.23	1.24	0.67	1.79	1.57	0.99
2001	2.65	1.33	0.70	2.00	1.57	1.08
2002	3.22	1.40	0.77	2.13	1.68	1.17
2003	3.63	1.57	0.91	2.05	1.89	1.31
2004	3.78	1.65	1.06	2.95	2.07	1.58
2005	4.15	1.73	1.20	3.55	2.33	1.96

年份	山西	安徽	江西	河南	湖北	湖南
2006	4.64	1.92	1.33	4.01	2.63	2.09
2007	4.85	2.15	1.44	4.51	2.93	2.47
2008	4.67	2.40	1.47	4.64	2.94	2.47
2009	4.70	2.66	1.60	4.80	3.17	2.64
2010	5.00	2.84	1.81	5.13	3.57	2.85
2011	5.48	3.11	1.98	5.73	3.93	3.14
2012	5.79	3.30	2.04	5.56	3.99	3.22
2013	5.82	3.61	2.24	5.62	3.76	3.22
2014	5.92	3.80	2.29	5.79	3.86	3.18
2015	5.68	3.75	2.12	5.71	3.72	3.30
2016	5.61	3.81	2.17	5.75	3.73	3.52

注：本表数据根据式3.1和式3.3计算得到

表3-7 1997—2016年西部地区二氧化碳排放计算结果

单位：亿吨

年份	广西	重庆	四川	贵州	云南	陕西	甘肃	青海	宁夏	新疆	内蒙古
1997	0.48	0.45	1.14	0.76	0.66	0.80	0.80	0.12	0.21	0.93	0.93
1998	0.51	0.52	1.16	0.79	0.67	0.80	0.80	0.12	0.20	0.97	0.85
1999	0.51	0.54	1.05	0.75	0.65	0.77	0.81	0.13	0.21	0.94	0.88
2000	0.56	0.55	1.05	0.78	0.64	0.77	0.88	0.12	0.22	1.00	0.96
2001	0.57	0.56	1.16	0.79	0.67	0.92	0.92	0.14	0.23	1.03	1.04
2002	0.62	0.61	1.29	0.83	0.86	1.04	0.95	0.13	0.35	1.07	1.15
2003	0.72	0.57	1.60	1.06	1.07	1.19	1.04	0.16	0.54	1.16	1.47
2004	0.89	0.65	1.81	1.21	1.31	1.45	1.20	0.17	0.53	1.28	1.88
2005	1.02	0.89	1.96	1.23	1.55	1.71	1.30	0.22	0.57	1.52	2.34
2006	1.11	0.96	2.19	1.43	1.71	2.04	1.38	0.26	0.64	1.71	3.72

年份	广西	重庆	四川	贵州	云南	陕西	甘肃	青海	宁夏	新疆	内蒙古
2007	1.28	1.05	2.51	1.55	1.82	2.23	1.53	0.31	0.68	1.85	3.20
2008	1.35	1.11	2.62	1.60	1.87	2.47	1.53	0.32	0.78	2.03	3.79
2009	1.54	1.20	3.06	1.77	2.06	2.74	1.55	0.34	0.85	2.29	4.14
2010	1.88	1.34	3.30	1.90	2.22	3.19	1.69	0.36	1.01	2.58	4.57
2011	2.36	1.56	3.51	2.09	2.35	3.49	1.95	0.42	1.26	3.03	5.60
2012	2.69	1.58	3.60	2.32	2.52	3.96	2.02	0.49	1.43	3.45	5.74
2013	2.67	1.45	3.77	3.38	2.60	4.15	2.15	0.55	1.54	3.82	5.68
2014	2.72	1.55	4.03	3.68	2.55	4.35	2.16	0.53	1.55	4.11	5.74
2015	2.57	1.53	3.83	3.56	2.50	4.20	2.08	0.50	1.60	4.03	5.66
2016	2.55	1.55	3.82	3.57	2.62	4.05	2.01	0.47	1.70	4.11	5.68

注：本表数据根据式3.1和式3.3计算得到

表3-8 1997—2016年东北地区二氧化碳排放计算结果

单位：亿吨

年份	辽宁	吉林	黑龙江
1997	3.08	1.07	1.73
1998	2.97	1.02	1.65
1999	3.08	1.01	1.74
2000	0.97	1.00	1.81
2001	3.63	1.04	1.79
2002	1.13	1.08	1.77
2003	1.18	1.24	1.92
2004	1.32	1.32	2.05
2005	5.05	1.57	2.26
2006	5.46	1.63	2.42
2007	5.90	1.71	2.58

续表

年份	辽宁	吉林	黑龙江
2008	6.15	1.93	2.62
2009	6.36	2.01	2.87
2010	7.04	2.18	3.13
2011	7.49	2.51	3.39
2012	7.75	2.44	3.48
2013	7.32	2.37	3.23
2014	7.33	2.37	3.24
2015	7.16	2.19	3.20
2016	7.08	2.02	3.22

注：本表数据根据式3.1和式3.3计算得到

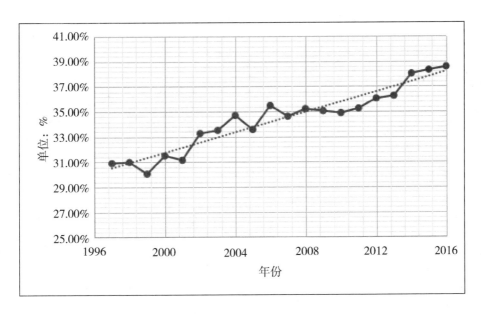

图3-4　1997—2016年煤炭资源型地区二氧化碳排放占同期全国比重变化

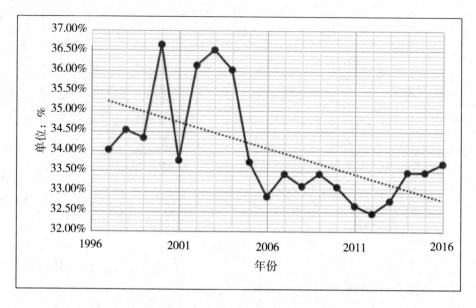

图 3 - 5　1997—2016 年长江经济带 11 省二氧化碳排放量占同期全国比重

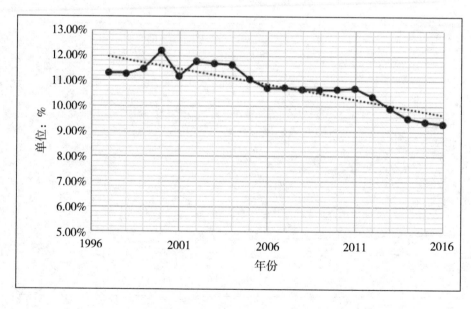

图 3 - 6　1997—2016 年京津冀经济区二氧化碳排放占同期全国比重

3.2　中国二氧化碳主要减排技术及其演化趋势

3.2.1　中国二氧化碳的主要减排技术

通过技术进步解决二氧化碳排放问题是当前社会各界的共识。近年来，在政府政策、市场机制等的作用下，二氧化碳减排技术取得了很大的进步，在促进中国二氧化碳减排方面发挥了巨大的作用。

如本书第二章所述，可以将二氧化碳减排技术归纳为三类，分别为能源生产类技术、能源利用类技术和末端治理类技术。其中，能源生产类技术是通过技术进步促进清洁低碳能源生产，或者通过优化清洁能源使用效率，提升清洁能源对传统能源的比较优势，从而实现清洁低碳能源对传统高碳化石能源替代。能源利用类技术是通过技术进步，促进能源使用效率提高，降低能源消耗规模，从而减少二氧化碳排放，常见的如燃烧技术、余热回收等。末端治理类技术是通过技术进步将二氧化碳实现资源化吸收、利用，从而起到减少排放的目的。

从当前中国主导的减排技术看（见表 3 - 9），根据戴彦德、胡秀莲等（2013）对钢铁、水泥、建筑、交通等行业当前重点推广的二氧化碳减排技术目录可以发现，减排技术的主体还是以能源利用类技术进步为主，提高能源使用效率、余热回收利用及高效燃烧技术等是主要的进步方向，而对于能源生产类技术和末端治理类技术涉及相对较少，原因可能主要与中国的技术基础、技术力量不足有关。

表3-9 钢铁、化工、水泥、建筑等行业重点推广的二氧化碳减排技术

类别	序号	技术名称	技术内容
能源生产类技术	1	纤维素乙醇	能源生产
	2	生物柴油	能源生产
能源利用类技术	3	干熄焦技术	余热回收利用
	4	煤调湿技术	高效燃烧技术
	5	烧结余热回收技术	余热回收利用
	6	高炉炉顶压差发电技术	余能再利用
	7	高炉喷煤综合技术	高效燃烧技术
	8	锅炉全部燃烧高炉煤气技术	伴生物回收利用
	9	转炉煤气回收利用技术	伴生物回收利用
	10	转炉低压饱和蒸汽发电技术	伴生物回收利用
	11	转炉负能炼钢工艺技术	伴生物回收利用
	12	蓄热式轧钢加热炉技术	能效提高技术
	13	炉烟气余热回收利用技术	余热回收利用
	14	低热值伴生气联合循环发电	伴生物回收利用
	15	氨合成回路分子筛节能技术	能效提高技术
	16	JR型氨合成塔系统	能效提高技术
	17	离子膜电解槽膜极距技术	能效提高技术
	18	氯化氢合成余热利用技术	余热回收利用
	19	新型变换气制碱技术	能效提高技术
	20	联碱不冷碳化技术	能效提高技术
	21	密闭电石炉	能效提高技术
	22	用密闭电石炉尾气生产甲醇联产合成氨工艺	伴生物回收利用
	23	电石炉低压补偿	高效燃烧技术
	24	黄磷尾气净化及综合利用项目	伴生物回收利用
	25	三相六根石墨电极黄磷电炉	能效提高技术

类别	序号	技术名称	技术内容
能源利用类技术	26	铝电解槽新型导流结构节能组合技术	能效提高技术
	27	新型阴极结构铝电解槽节能技术	能效提高技术
	28	预焙铝电解槽电流强化与高效节能综合技术	能效提高技术
	29	氧气底吹炼铜技术	高效燃烧技术
	30	液态高铅渣直接还原技术	能效提高技术
	31	新型蓄热竖罐还原炉燃烧技术	能效提高技术
	32	纯低温余热发电技术	余热回收利用
	33	水泥窑协同处置生活垃圾	余能再利用
	34	水泥窑协同处置子污泥等废物	余能再利用
	35	水泥辊磨终粉磨技术	能效提高技术
	36	电石渣替代石灰石技术	高效燃烧技术
	37	高效柴油轿车	能效提高技术
	38	均值压燃技术（HCCI）	高效燃烧技术
	39	汽油机缸内直喷技术	高效燃烧技术
	40	高效汽油货车	能效提高技术
	41	高效柴油货车	能效提高技术
	42	插电式混合动力汽车	能源转换技术
	43	非插电式混合动力汽车	能源转换技术
	44	纯电动车	能源转换技术
	45	天然气出租车	能源转换技术
末端治理类技术	46	二氧化碳降解塑料	二氧化碳综合利用
	47	工业废气二氧化碳合成碳酸丙烯酯	二氧化碳综合利用
	48	二氧化碳生产碳酸二甲酯	二氧化碳综合利用
	49	以二氧化碳为气化剂生产高纯CO气	二氧化碳综合利用
	50	二氧化碳驱油（CCUS）	二氧化碳综合利用
	51	超临界液体二氧化碳发泡技术（LCD）	二氧化碳综合利用

注：本表由作者根据戴彦德、胡秀莲等（2013）信息整理

3.2.2　中国二氧化碳减排技术演化趋势

如表3-9所示，当前中国的二氧化碳减排技术进步是以提高能源效率为主的，而能源效率提升确实有效地促进了能源强度较大幅度改善，极大地降低了能源消耗理论规模。但由于在一定的"技术—经济"范式下，技术进步可能存在"天花板效应"，即技术进步会随着时间推移而逐渐衰减，直至靠近"最优"技术前沿后，"技术—经济"范式发生改变，新技术诞生，并沿着新的技术轨道进步。从实践看，以能源效率改善为目标的技术进步也比较清晰地印证了上述推论。根据《中国统计年鉴2016》和《中国能源统计年鉴2016》数据测算（见图3-7），中国的能源强度从1980年的12.77吨标准煤/万元下降到2015年的0.59吨标准煤/万元，累计下降幅度达到95%，取得了显著效果。然而，从下降趋势上看，1980—1995年能源强度直线下降，1995—2010年下降速率放缓，特别是2010年以后，能源强度下降速率趋于平缓。在当前的"技术—经济"范式下，未来以能源效率提升为主的技术将逐渐逼近"技术前沿"，进步空间有限。同时，据世界银行数据显示（见图3-8），按照2011年购买力平价美元计算，2014年，中国的能源强度为5.7美元/千克石油当量，优于美国、日本、德国、英国、法国等发达国家。美国节能经济委员会（American Council for an Energy – Efficient Economy）2017年发布的《2014世界能源效率记分卡》对世界16大经济体的能源效率进行排名，德国位居榜首，意大利、中国、法国位居前列。尽管购买力平价指标受到一些质疑，但诸多证据都说明中国当前的能源效率确实已经取得了较大的进步，已经达到当前"技术—经济"范式下的较优水平，未来进步空间将逐步减小。

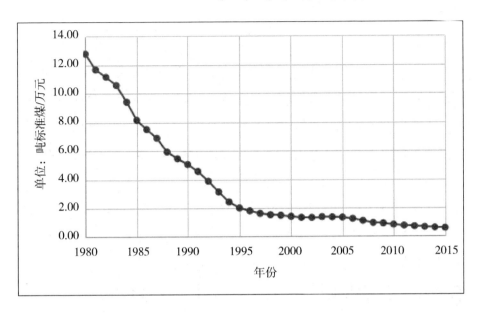

图 3 - 7 1980—2015 年中国能源效率变化趋势

注：1. 本表中所涉及的价格数据为 1980 年不变价格

　　 2. 能源消耗数据为发电煤耗法

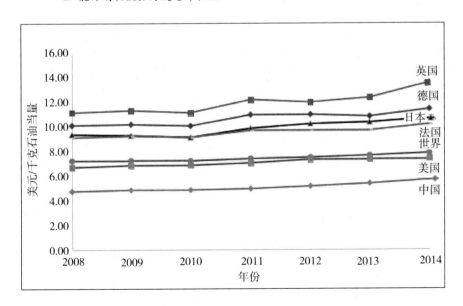

图 3 - 8 2008—2014 年中国与世界主要国家及全球平均水平能耗强度比较

那么未来中国二氧化碳减排技术进步的演化趋势是什么呢？《更新报告》在全面深入研究中国经济社会发展趋势和当前国内减排技术现状的基础上，提出了未来减缓气候变化的技术需求（见表3-10）。根据该表可以看出，能源部门的技术需求占了未来中国减缓气候变化技术需求的主要部分，说明以能源变革为基础的技术进步是未来减排技术进步的主要方向。从技术演化方向看，已不同于当前大力推广的以能源效率提升为主的技术，而是转向以传统能源清洁化和制约清洁和可再生能源发展的关键技术为主。按照本书第二章对技术的分类，显然，未来中国二氧化碳减排技术演化将以能源生产类技术进步为主。通过能源生产类技术进步，优化能源结构，使减排技术在新的技术轨道上进步，加速中国的二氧化碳减排进程。

表3-10 部分行业减缓气候变化技术需求清单

部门/行业	技术名称
能源部门	先进煤气化技术、先进低阶煤热解技术、高效超超临界燃煤发电技术、超临界二氧化碳循环发电技术、整体煤气化燃料电池联合循环（IGFC-CC）发电技术、磁流体发电联合循环（MHD-CC）发电技术、高效燃气轮机技术
	快堆及燃料元件设计与工程化技术、超高温气冷堆关键技术及高温热工程应用技术、先进小型堆关键技术及工程化
	新型高效太阳能电池产业化关键技术、高效和低成本晶体硅电池产业化关键技术、薄膜太阳能电池产业化关键技术、高参数太阳能热发电技术、分布式太阳能热电联供系统技术、太阳能热化学制取清洁燃料关键技术、智能化分布式光伏及微电网应用技术、高能效和低成本智能光伏电站关键技术、大型槽式太阳能热发电站仿真与系统集成技术、50-100MW级大型太阳能光热电站关键技术

部门/行业	技术名称
能源部门	100 米级及以上叶片设计制造技术、大功率陆上风电机组及部件设计与优化关键技术、陆上不同类型风电场运行优化及运维技术、10MW 级及以上海上风电机组及关键部件设计制造关键技术、10MW 级及以上海上风电机组控制系统与变流器关键技术、远海风电场设计建设技术、大型海上风电机组基础设计建设技术、大型海上风电基地群控技术、海上风电场实时监测与运维技术
	大规模制氢技术、分布式制氢技术、氢气储运技术、氢气/空气聚合物电解质膜燃料电池（PEMFC）技术、甲醇/空气聚合物电解质膜燃料电池（MFC）技术、燃料电池分布式发电技术
	生物航油制取关键技术、绿色生物炼制技术、生态能源农场、生物质能源开发利用探索技术、波浪能利用技术、潮流能利用技术、温（盐）差能利用技术、干热岩开发利用技术、水热型地热系统改造与增产技术
	储热/储冷技术、新型压缩空气储能技术、飞轮储能技术、高温超导储能技术、大容量超级电容储能技术、电池储能技术、先进输变电装备技术、直流电网技术、电动汽车无线充电技术、新型大容量高压电力电子元器件及系统集成、高效电力线载波通信技术、可再生能源并网与消纳技术、现代复杂大电网安全稳定技术
	新一代大规模低能耗 CO_2 捕集技术、基于 IGCC 系统的 CO_2 捕集技术、大容量富氧燃烧锅炉关键技术、CO_2 驱油利用与封存技术、CO_2 驱煤层气与封存技术、CO_2 驱水利用与封存技术、CO_2 矿物转化、固定和利用技术、CO_2 矿化发电技术、CO_2 化学转化利用技术、CO_2 生物转化利用技术、CO_2 安全可靠封存与监测及运输技术
钢铁部门	炼焦煤预热技术、新型炼焦技术、炼焦荒煤气余热回收技术、利用废弃物代替炼焦煤技术、低碳排放炼铁技术、电炉炼钢节能技术、高效铸轧技术、低热值煤气高效利用发电技术
交通	先进高速重载轨道交通装备、城市轨道交通牵引供电系统制动能量回馈技术、轨道车辆直流供电变频空调技术、缸内汽油直喷发动机技术、车用燃油清洁增效技术、基于减小螺旋桨运动阻力的船舶推进系统、数字化岸电系统、沥青路面冷再生技术、LED 智能照明技术、大功率氙气灯照明技术、港口优化技术

部门/行业	技术名称
建筑	建筑工业化技术、装配式住宅技术、超低能耗建筑技术、高效能热泵技术、磁悬浮变频离心式中央空调技术、温湿度独立控制空调系统技术、排风余热与制冷机组冷凝热回收、高防火性墙体保温技术、热反射镀膜玻璃技术、低辐射（Low－E）玻璃技术、建筑遮阳技术
建材	利用玻璃熔窑烟气余热发电技术、计算机工艺控制技术、浮法玻璃熔窑 0#喷枪纯氧助燃技术、熔窑全保温技术、利用玻璃窑烟气余热预热配合料技术、全氧燃烧技术
化工	高含 CO_2 天然气制甲醇技术、液力透平节能技术、压缩机 Hydro COM 无级气量调节系统、开式热泵技术、无 CO_2 排放型粉煤加压输送技术、离子交换膜技术
有色金属	富氧顶吹熔炼技术、闪速富氧熔池熔炼技术、烟气余热回收技术
农林和土地利用	碧晶尿素增产减排高效利用技术、高产低排放水稻品种选育技术、农林复合系统营建技术、最佳森林经营方案确定技术、土地利用综合管理技术
废弃物	焚烧－燃气发电－蒸汽联合循环系统（WTE－GT）、烟气换热（gas－gas heating，GGH）技术、填埋气高效收集与利用技术、填埋场生物覆盖层减排技术

　　注：本表由作者根据《中华人民共和国气候变化第一次两年更新报告》（2016）整理

3.3　中国二氧化碳减排技术偏向测度

3.3.1　初步判断

　　根据第二章中关于二氧化碳减排中技术偏向的理论分析，技术偏向于稀缺的要素。那么在中国的二氧化碳减排中，三类技术的相对稀缺性如何？

　　按照稀缺性的最初定义，是指一国或一个地区某种生产要素的供给量相对于另一国或另一地区较少。通俗理解，技术要素的稀缺性是相对供给量的多寡反映到经济系统中，表现为经济层面的"多寡"，可以用价格信号进行表示（张炎涛，唐齐鸣，2011），即技术要素的稀缺性可以从物理性稀缺和经济性稀缺两个层面度量。

　　首先，从物理性稀缺看，供给多的技术视为丰富，而供给少的技术视为稀缺。由于本书所讨论的是三类技术，无法有效统计技术的物理量，故需要寻找替代变量进行度量。

　　对于能源生产类技术而言，按照本书的定义，其进步的结果是能源清洁化水平提高，能源碳密度降低。参照郑季良和陈墙（2012）的做法，本书构造了能源碳密度系数指标进行度量。该系数的计算方法为：

$$PT_t = \sum EP_{it} \times a_i \qquad (3.4)$$

　　其中，PT_t 表示能源碳密度系数，用以表征能源生产类技术，EP_{it} 表示第 t 年第 i 种化石能源在整个能源结构中的比重，a_i 表示第 i 种能源的碳排放系数，最终的能源碳密度系数值是一个间于 0 ~ 1 的值，并受到化石能源和相应碳排放系数的双重影响，高碳能源在能源结构中的比重越高、碳排放系数越大（表明该能源碳密度高）则能源碳密度系数越大。能源生产类技术进步的结果是使能源碳密度系数减小，即能源碳密度系数越小意味着能源生产类技术进步幅度越大，反之越小。该指标为负向指标。

　　对于能源利用类技术而言，通过工程、工艺及理化等技术提高能源的综合利用效率，减少能源消耗，从而对二氧化碳排放水平产生影响，表现为能源消耗量的降低，本书用能源强度指标进行度量。计算公式为：

$$UT_t = \frac{Q_{Et}}{GDP_t} \qquad\qquad (3.5)$$

其中，UT_t 表示第 t 年的能源利用类技术水平，即能源强度，Q_{Et} 表示第 t 年的能源消耗总量，GDP_t 表示第 t 年的国内生产总值。能源强度越高，表示单位产值的能源消耗越多，说明能源利用类技术水平较低；反之，能源强度越小，说明能源利用水平越高。该指标为负向指标。

对于末端治理类技术而言，其减排一方面来源于森林碳汇等的自然吸收，另一方面来源于二氧化碳的资源化利用。对于森林碳汇，主要与森林覆盖率及树种构成有关；对资源化利用，主要与技术进步及工艺改进有关。由于森林覆盖率及树种构成等很大程度上是人为因素的结果，而资源化利用规模较小（两次国家报告中均未公布此项下二氧化碳减排数据），且缺乏替代变量，故本书以下将不再考虑该类技术的影响问题。

从能源生产类技术和能源利用类技术的变化看（见图 3-9），在考察期内，能源利用类技术快速进步，累计进步率达到 40%，而同期能源生产类技术进步缓慢，累计进步率仅为 8.9%。显然，是由于能源利用类技术"丰富"而被广泛使用，因而进步迅速，而能源生产类技术由于"稀缺"而供给不足，因而进步缓慢。实际上，从《更新报告》中也可以看出，当前推广的技术大多数属于能源利用类技术，而未来需求的技术中能源生产类技术占绝大多数，这说明当前的能源生产类技术供给不足，是未来的主要需求。

需要说明的是 2002—2005 年之间能源利用类技术出现了退步，而其问题可能与同期资源配置水平下降有关。

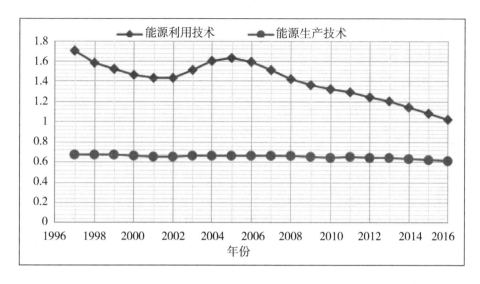

图 3 - 9 1997—2016 年能源生产类技术和能源利用类技术变化

其次，从经济性稀缺看，价格高（或成本高）的技术视为稀缺，而价格低（或成本低）的视为丰富。从三类二氧化碳减排技术成本看，本书选取戴彦德和胡秀莲等（2013）基于增量成本分析方法对典型行业减排技术成本的估算数据进行分析（见表 3 - 4）。他们估算的公式如下：

$$C_m = \frac{(C_n - C_t)}{(P_t - P_n)} \tag{3.6}$$

其中：

C_m 表示 m 技术的减排增量成本，单位是元/tCO_2；

C_n 表示减排技术的所有成本，含资本投入、运营和维护等成本，单位是元；

C_t 表示参照技术（也称为基准线技术）的所有成本，含资本投入、运营和维护等成本，单位是元；

P_n 表示减排技术的二氧化碳排放量，单位是 tCO_2；

P_t 表示参照技术（也称为基准线技术）的二氧化碳排放量，单位是 tCO_2。

根据该公式，结果如果是负值，说明采用的技术具有价格和减排效果双重优势；如果为正值，说明采用的技术有减排效果但价格高于目前的参照技术。

根据他们的估算结果，如表 3－11 所示，按照本书的划分，能源生产类技术的平均成本最高，为 570.5 元/tco₂，能源利用类技术的平均成本次之，为 154.3 元/tco₂，最低的是末端治理类技术，其平均成本为 －259.2 元/tco₂。显然，按照经济稀缺性的判断依据，能源生产类技术是最稀缺的，能源利用类技术次之。

表 3－11　钢铁、化工、水泥、建筑等行业重点推广的二氧化碳减排技术成本

类别	序号	技术名称	2015 年单位减排成本（元/tco₂）	平均单位减排成本（元/tco₂）
能源生产类技术	1	纤维素乙醇	856	570.5
	2	生物柴油	285	
能源利用类技术	1	干熄焦技术	－707	154.3
	2	煤调湿技术	－431	
	3	烧结余热回收技术	－509	
	4	高炉炉顶压差发电技术	－558	
	5	高炉喷煤综合技术	－461	
	6	锅炉全部燃烧高炉煤气技术	－811	
	7	转炉煤气回收利用技术	－480	
	8	转炉低压饱和蒸汽发电技术	－680	
	9	蓄热式轧钢加热炉技术	－189	

续表

类别	序号	技术名称	2015年单位减排成本（元/tco₂）	平均单位减排成本（元/tco₂）
能源利用类技术	10	电炉烟气余热回收利用技术	−342	154.3
	11	低热值伴生气联合循环发电	−318	
	12	氨合成回路分子筛节能技术	55	
	13	离子膜电解槽膜极距技术	1051	
	14	氯化氢合成余热利用技术	67	
	15	新型变换气制碱技术	102	
	16	联碱不冷碳化技术	−95	
	17	密闭电石炉	16	
	18	电石炉低压补偿	50	
	19	黄磷尾气净化及综合利用项目	8.7	
	20	铝电解槽新型导流结构节能组合技术	−467	
	21	新型阴极结构铝电解槽节能技术	−467	
	22	预焙铝电解槽电流强化与高效节能综合技术	−396	
	23	氧气底吹炼铜技术	2990	
	24	液态高铅渣直接还原技术	750	
	25	新型蓄热竖罐还原炉燃烧技术	−1450	
	26	纯低温余热发电技术	−3.31	
	27	水泥窑协同处置生活垃圾	41.9	
	28	水泥窑协同处置子污泥等废物	339.4	
	29	水泥辊磨终粉磨技术	−135	
	30	电石渣替代石灰石技术	449.4	
	31	高效柴油轿车	1840.7	
	32	均值压燃技术（HCCI）	−426.7	

类别	序号	技术名称	2015 年单位减排成本（元/tco₂）	平均单位减排成本（元/tco₂）
能源利用类技术	33	汽油机缸内直喷技术	-1081.1	154.3
	34	高效汽油货车	-941.7	
	35	高效柴油货车	-312.6	
	36	插电式混合动力汽车	3042.7	
	37	非插电式混合动力汽车	2160.2	
	38	纯电动车	5300.2	
	39	天然气出租车	-983.2	
末端治理类技术	1	二氧化碳降解塑料	236	-259.2
	2	工业废气二氧化碳合成碳酸丙烯酯	-94	
	3	二氧化碳生产碳酸二甲酯	-930	
	4	以二氧化碳为气化剂生产高纯 CO 气	-254	
	5	二氧化碳驱油（CCUS）	-254	

注：本表由作者根据戴彦德、胡秀莲等（2013）信息整理

综上，无论是从物理性稀缺还是从经济性稀缺，都显示能源生产类技术是稀缺性技术。根据本书第二章关于技术偏向的判别标准，在中国二氧化碳减排过程中，技术进步可能会偏向于能源生产类技术，具体还有待实证分析进一步检验。

3.3.2 模型、方法与数据

（1）测度方法选择

对于技术偏向测度方法，目前常见大概可分为三类：第一类是基于生产函数的研究范式。此类研究多是根据 Acemoglu（2002，2007，2012）的函数定义，通过改变投入要素类型，通过判断要素之间的替代

弹性，从而确定技术的偏向，如戴天仕、徐现祥（2010）、邓明（2014）及 Acemoglu 等（2014）的研究均属此列。此法的关键是需要计算要素间的替代弹性，而要素替代弹性所需要的价格、成本等有关数据的获取及其准确性是制约此方法的难点。第二类基于要素生产效率的测算，从中分解出偏向性技术进步。比如最多见的是从全要素生产率（TFP）中分解出投入偏向技术进步、产出偏向技术进步及规模技术进步，并基于各年度要素间投入情况的比较，测度技术偏向性。如 Briec-Peypoch（2007）、Barros 和 Weber（2009）、王俊和胡雍（2015）、尤济红和王鹏（2016）及郝枫（2017）的研究均属此列。这种方法的优势是不需要考虑生产函数本身的实用性，但缺点是由于效率测度针对的是一类型生产要素，无法识别特定要素的偏向；另一方面，分解的过程由于缺乏严格的理论依据，分解的科学性是主要挑战。第三类是间接估算法，就是按照生产系统中要素间的因果关系，利用线性回归等方法，间接判断技术的偏向性。如孔宪丽、米美玲、高铁梅（2015）和王林辉、赵景（2015）等的研究都使用了类似的方法。

本质上看，二氧化碳也是生产系统的产物之一，而能源生产类技术、能源利用类技术是此过程中投入的技术要素，和人口、经济增长、城市化等其他要素一起影响二氧化碳产出的变化。与一般生产函数强调产出最大化不同，二氧化碳减排强调的是产出最小化，且要素之间的关系呈现波动和不稳定性。以技术要素为例，技术进步的本质是一种"范式创新"，会重构生产系统中要素之间的关系。而测度方法中常用的 CES 函数假设要素间具有不变替代弹性，而柯布道格拉斯函数则假设技术不变，显然，这些都与实践不符。从本书的研究需求看，要考察的是在二氧化碳减排过程中对能源生产类技术和能源利用类技术的偏向，即两种异质性技术要素对二氧化碳减排的贡献，显然基于函数推导的方法不适用本书，而基于效率分解的方法由于缺乏严格的理论依据，且无法分解出特定要素的偏向，也不适用于本书。因此，本书拟采用第三类方法，即根据学者们关于二氧化碳排放影响因素的研究，将二氧化碳排放作为因变量，将能源生产类技术、能源利用类技术、经济发展、人口、城市化及产业结构等作为自变量，利用线性回归模型进行模拟，观察自变量在二氧化碳减排中的贡献大小及作用方向，从而确定两类技术的偏向。

（2）模型与数据

根据第二章的理论分析，二氧化碳排放是能源生产类技术、能源利用类技术、经济增长、产业结构、人口和城市化等几个因素共同作用的结果。但一方面，根据本书第二章文献回顾发现，已有研究对人口和城市化等因素与二氧化碳排放间的关系还存在不确定性，城市化虽然可能会加重环境负担，但也能通过优化结构、提高技术进而减缓甚至抵消其对二氧化碳排放的影响。从中国实际情况看，随着人民生活水平总体提升和乡村基础设施改善（特别是饮食、道路、通信等学者们普遍认为影响排放的因素），城乡差异正在逐步缩小，人口总量增长可能会被城镇化抵消，甚至城镇化还会降低潜在的二氧化碳排放水平。王芳和周兴（2012）的研究就发现，城镇化和碳排放的关系呈倒 U 形，即早期会促进二氧化碳排放，后期则会抑制碳排放，人口老龄化程度与碳排放之间则呈现 U 形关系。另一方面，根据已有研究，经济增长与人口及城镇化都有显著的相关关系（彭宇文等，2017；陈阳，逯进，2017），将它们同时纳入二氧化碳排放影响因素模型，可能会因彼此之间的相关关系而产生共线性问题。本书检索发现，现有很多研究都不会同时考虑经济增长和城市化对二氧化碳的影响（王群伟等，2010；林伯强，蒋竺均，2009；龙志和，陈青青，2011）。由于大多数研究支持经济增长推动二氧化碳排放增加的结论，且本书讨论的问题并不关注人口和城镇化问题，因此，本书在二氧化碳排放影响因素讨论中，不再将人口和城镇化因素纳入。

综上，为观察二氧化碳减排中能源生产类技术和能源利用类技术的偏向问题，参照孔宪丽、米美玲、高铁梅（2015）和王林辉、赵景（2015）等学者的做法，本书建立如下二氧化碳排放影响因素模型：

$$Q_t = \beta_1 TP_t + \beta_2 UT_t + \beta_3 GDP_t + \beta_4 IS_t + \varepsilon \tag{3.7}$$

其中，Q_t 表示第 t 年的 CO_2 排放量，TP_t 表示第 t 年的能源生产类技术，UT_t 表示第 t 年的能源利用类技术，GDP_t 表示第 t 年的经济增长，IS_t 表示第 t 年的产业结构，β_i 表示各变量的系数，ε 为随机项。由于重庆和四川于 1997 年分设，而重庆市作为我国经济版图中重要的组成部分，本书为将重庆也纳入研究范畴，故 t 的取值范围从 1997 年起至 2016 年。各变量含义说明如下。

二氧化碳排放量（Q_t）。本书要从全国和地区两个层面考察二氧化碳减排中的技术偏向性问题。理论上看，二氧化碳排放应按照式 3.1 和 3.3 的计算方法，减去森林碳汇和资源化利用的二氧化碳才是最终的排放量，然后，由于历年《中国统计年鉴》和《中国能源统计年鉴》中关于能源种类的数据前后不一致，工业产品公布的类型缺失较多，且森林碳汇和资源化利用数据无法获取。鉴于此，为了保持数据的连续性，本书中全国层面的二氧化碳排放量直接采用美国田纳西州橡树岭国家实验室公布的历年中国 CO_2 排放量数据，该数据包含了固态、液态和气态化石燃料燃烧产生的 CO_2 及工业生产过程产生的 CO_2。与《更新报告》和《第二次信息通报》中公布的同期二氧化碳排放数据相比，该数据明显偏高，但二者之间趋势基本一致。考虑到本书的研究目标不是为测算二氧化碳排放量的高低，而是探讨在减排过程中的技术偏向性问题，因此，具有相近趋势的数据就能够满足本研究的需要。同样，由于目前尚未有权威部门公布各省区二氧化碳排放的数据，对地区减排技术偏向的研究中就按照式 3.1 和 3.3 的算法进行二氧化碳排放量测算。

能源生产类技术（TP_t）。能源生产类技术进步会促进能源结构清洁化，因此，化石能源在整个能源结构中比重的动态变化就成为衡量能源结构是否优化的重要标准。该指标用本书构造的能源碳密度系数指标进行衡量，计算公式为式 3.4 所示。

能源利用类技术（UT_t）。能源利用类技术进步的结果是提高能源综合利用效率，减少能源消耗总量，因此，该指标用能源强度指标进行度量，计算方法按式 3.5 进行。

经济增长（GDP_t）。一方面，经济总量的增长会一定程度上增加化石能源的消费，进而带动 CO_2 排放量的增长；另一方面，经济发展阶段的不同也会有不同的能源消费特征。该变量参考大多数学者的做法，用 GDP 增速指标进行衡量，为了避免外来因素对数据的干扰，本研究对该指标剔除了价格因素的扰动，统一换算为 1997 年的价格水平。

产业结构（IS_t）。工业是化石能源消耗的主体，工业在整个产业结构中所占比重高低直接影响 CO_2 的排放水平。参考杨骞、刘华军（2012）的做法，本指标用产业结构系数，即第二产业产值占地区生产总值的比重进行衡量，指标计算公式为：

$$IS_t = \frac{\text{第二产业产值}}{\text{地区生产总值}} \tag{3.8}$$

以上指标数据，除全国层面的二氧化碳排放量来源于美国田纳西州橡树岭国家实验室以外，其余的经济数据、产业结构数据均来源于当年《中国统计年鉴》和各地区当年统计年鉴。地区二氧化碳排放数据依据 IPCC（2006）给出的算法进行计算，能源数据均来源于当年《中国能源统计年鉴》，主要工业产品产量来源于各地区当年统计年鉴。

为了最大限度降低各变量数据量级及共线性问题可能对测度结果带来的影响，本书对二氧化碳排放、经济增长和能源生产类技术三个指标数据做了取对数处理。

从数据分布情况看，全国层面（如表3－12所示），二氧化碳排放量的离散程度最高，说明考察期内中国二氧化碳排放规模有了显著变化。对各影响二氧化碳排放的变量而言，离散程度从大到小依次为能源利用类技术、产业结构、经济增长和能源生产类技术，表明同期能源利用类技术有了显著变化，而能源生产类技术变化较小。

表3－12 全国层面相关变量描述

变量	N	最小值	平均值	标准差
二氧化碳排放量	20	33.181	64.952	22.235
经济增长	20	0.070	0.093	0.015
产业结构	20	0.398	0.456	0.016
能源利用类技术	20	1.020	1.402	0.156
能源生产类技术	20	0.608	0.651	0.013

从区域层面看，从东、中、西、东北四大区域看，对因变量二氧化碳排放而言，从大到小依次为东部、西部、中部和东北，说明考察期内东部、西部的二氧化碳排放变化要显著高于中部和东北。从自变量看，除东北地区以外，其他三类地区从大到小均为产业结构、能源利用类技术、能源生产类技术和经济增长，说明考察期内，产业结构和能源利用类技术总体上都有较大的变化，而能源生产类技术和经济增长则相对较为平稳。对本书所关注的三类特殊区域而言，从因变量二氧化碳看，资源型地区二氧化碳排放离散程度明显高于长江经济带及京津冀地区，资源型地区的二氧化碳离散程度明显高于长江经济带和京津冀地区，说明

考察期内资源型地区二氧化碳排放变化较大，而其他两类区域变化相对较小，特别是京津冀地区的变化显著低于其他两类地区，表明考察期内该地区导致二氧化碳排放的能源活动和工业生产变化较小，处于相对稳定状态。从三类地区自变量离散程度看，与全国一致，产业结构离散程度最大，而经济增长离散最小，能源利用类技术离散程度显著高于能源生产类技术。

表 3－13　区域层面相关变量描述

变量	N	最大值	最小值	平均值	标准差
长江经济带					
二氧化碳	20	40.29	12.17	25.32	9.1742
经济增长	20	0.14	0.08	0.11	0.0144
产业结构	20	6.48	3.07	4.01	0.6322
能源利用类技术	20	1.97	0.59	1.25	0.3783
能源生产类技术	20	0.73	0.57	0.65	0.03
京津冀地区					
二氧化碳	20	12.014	4.040	7.985	2.715
经济增长	20	0.143	0.079	0.116	0.014
产业结构	20	9.326	4.035	5.444	1.108
能源利用类技术	20	2.023	0.597	1.190	0.370
能源生产类技术	20	0.765	0.557	0.664	0.054
资源型地区					
二氧化碳	20	45.766	10.995	26.381	11.276
经济增长	20	0.151	0.079	0.115	0.018
产业结构	20	6.308	2.593	3.625	0.635
能源利用类技术	20	2.861	0.956	1.797	0.548
能源生产类技术	20	1.002	0.863	0.933	0.030

续表

变量	N	最大值	最小值	平均值	标准差
东部地区					
二氧化碳	20	51.295	14.495	32.452	12.199
经济增长	20	0.148	0.082	0.114	0.014
产业结构	20	8.499	3.400	4.885	1.241
能源利用类技术	20	1.398	0.513	0.934	0.239
能源生产类技术	20	0.680	0.558	0.615	0.022
中部地区					
二氧化碳	20	24.827	8.111	16.158	5.614
经济增长	20	0.146	0.076	0.113	0.017
产业结构	20	6.429	1.956	3.563	0.686
能源利用类技术	20	2.238	0.718	1.422	0.425
能源生产类技术	20	0.951	0.738	0.879	0.041
西部地区					
二氧化碳	20	32.962	7.245	17.786	8.118
经济增长	20	0.144	0.077	0.113	0.018
产业结构	20	5.565	2.700	3.553	0.607
能源利用类技术	20	2.819	1.054	1.902	0.530
能源生产类技术	20	0.840	0.668	0.750	0.039
东北地区					
二氧化碳	20	13.675	3.772	8.891	3.217
经济增长	20	0.144	0.060	0.108	0.020
产业结构	20	10.202	3.975	5.523	1.236
能源利用类技术	20	2.670	0.713	1.365	0.408
能源生产类技术	20	0.940	0.664	0.745	0.070

3.3.3 测度结果

本书利用普通最小二乘法进行估计后，测度结果如表3-14所示。方程（1）至（8）分别表示全国层面、资源型地区、长江经济带、京津冀带、东部地区、中部地区、西部地区和东北地区最小二乘法估计回归结果。

表3-14 方程估计结果

变量	（1）	（2）	（3）	（4）
c	43.8493 (1.5877)	3.9870* (1.8522)	5.3549* (1.7099)	-0.2368 (-0.2069)
经济增长	0.2315 (0.6683)	1.0836*** (4.8234)	0.8165*** (4.2477)	1.2326*** (10.7765)
产业结构	8.3900** (2.3784)	0.1355*** (3.5014)	0.0352 (0.7908)	0.1148*** (6.9079)
能源利用类技术	-1.6736* (-1.7737)	-0.6701*** (-14.5561)	-0.7552*** (-6.1340)	-0.6700*** (-12.5299)
能源生产类技术	-16.7540* (-1.9020)	-0.6089* (-1.0526)	-0.8087* (-1.0545)	-0.1444* (-0.5938)
$AdjR^2$	0.7153	0.9864	0.9805	0.9937)
变量	（5）	（6）	（7）	（8）
c	2.4852 (1.1733)	2.7955 (1.3879)	-0.0034 (-0.0016)	11.6700*** (6.7813)
经济增长	1.5954*** (6.6157)	0.7689*** (4.0151)	0.8354*** (3.3646)	0.9551*** (3.4092)
产业结构	0.1671*** (3.7270)	0.0708 (1.9241)	0.0862* (1.9545)	0.0866** (2.5586)

变量	(5)	(6)	(7)	(8)
能源利用类技术	− 0.9440 *** (− 4.8853)	− 0.6483 *** (− 5.9217)	− 0.7647 *** (− 15.2230)	− 0.4432 *** (− 10.0577)
能源生产类技术	− 0.7064 * (− 1.5495)	− 0.2852 * (− 0.5590)	0.4340 * (0.7693)	− 2.71961 *** (− 10.8020)
AdjR²	0.9868	0.9744	0.9765	0.9504

注：＊＊＊、＊＊、＊分别表示显著水平是1%、5%、10%；回归系数括号内的数值表示 T 检验值

（1）全国层面的偏向特征分析

根据回归结果，全面层面的二氧化碳排放影响因素方程为：

$$CO_2 = 43.8493 + 0.2315GDP + 8.39IS − 1.6736UT − 16.754PT$$

该方程中，除经济增长变量以外，产业结构、能源生产类技术、能源利用类技术都通过了显著性检验。从影响方向看，经济增长和产业结构对二氧化碳排放有正向影响，而能源生产类技术和能源利用类技术有负向影响作用。从影响程度上看，产业结构变量的系数达到8.39，其对二氧化碳排放增长的贡献显著地超过了经济增长，而能源生产类技术是主要的促减因素，其系数绝对值高达16.754，远超过能源利用类技术，说明研究期内，中国二氧化碳减排是偏向于能源生产类技术的，这与本书前述基于能源生产类技术和能源利用类技术稀缺性结果形成的技术偏向判断一致。

（2）区域层面的偏向特征分析

①东部地区

根据表3−14，东部地区二氧化碳排放影响因素回归方程为：

$$CO_2 = 2.4825 + 1.5954GDP + 0.1671IS − 0.944UT − 0.7064PT$$

在该方程中，所有变量均通过了显著性检验，表明各变量对二氧化

碳排放的影响关系成立。从影响方向看，与全国层面的影响关系一样，经济增长和产业结构对二氧化碳排放具有正向影响，而能源生产类技术和能源利用类技术具有负向影响。从影响程度上看，经济增长是东部地区二氧化碳排放的主要促增因素，超过了产业结构，而能源利用类技术是主要的促减因素，其影响程度超过了能源生产类技术，说明研究期内，东部地区二氧化碳减排是偏向于能源利用类技术的，这是与全国层面不同的减排技术偏向特征，是需要重点加以研究的方面。

②中部地区

根据表 3－14，中部地区二氧化碳排放影响因素回归方程为：

$$CO_2 = 2.7955 + 0.7689GDP + 0.0708IS - 0.6483UT - 0.2852PT$$

该方程中，所有变量均通过了显著性检验。在该方程中，除产业结构变量以外，其余变量都通过了显著性检验。从方程中变量系数及作用方向看，与东部地区一致，经济增长和产业结构调整是主要的二氧化碳排放促增因素，且经济增长对二氧化碳排放的促进作用大于产业结构调整。而能源生产类技术和能源利用类技术是主要的二氧化碳排放促减因素，且能源利用类技术的减排作用超过能源生产类技术，说明研究期内中部地区二氧化碳减排也是偏向于能源利用类技术的。

③西部地区

根据表 3－14，西部地区二氧化碳排放影响因素回归方程为：

$$CO_2 = -0.0034 + 0.8354GDP + 0.0862IS - 0.7647UT - 0.4340PT$$

该方程中，所有变量均通过了显著性检验。从方程中变量系数及作用方向看，与东部和中部地区一致，经济增长和产业结构调整是主要的二氧化碳排放促增因素，且经济增长对二氧化碳排放的促进作用大于产业结构调整。而能源生产类技术和能源利用类技术是主要的二氧化碳排放促减因素，且能源利用类技术的减排作用超过能源生产类技术，说明研究期内西部地区二氧化碳减排也是偏向于能源利用类技术的。

④东北地区

根据表3-14，东北地区二氧化碳排放影响因素回归方程为：

$$CO_2 = 11.67 + 0.9551GDP + 0.0866IS - 0.4432UT - 2.71961PT$$

该方程中，所有变量均通过了显著性检验。从方程中变量系数及作用方向看，与其他地区一致，经济增长和产业结构调整是主要的二氧化碳排放促增因素，且经济增长对二氧化碳排放的促进作用大于产业结构调整。而能源生产类技术和能源利用类技术是主要的二氧化碳排放促减因素，但能源生产类技术的作用显著大于能源利用类技术，说明研究期内东北地区二氧化碳减排是偏向于能源生产类技术的。

⑤资源型地区

根据表3-14，资源型地区二氧化碳排放影响因素回归方程为：

$$CO_2 = 3.9870 + 1.0836GDP + 0.1355IS - 0.6701UT - 0.6089PT$$

该方程中，除经济增长以外，其余所有变量均通过了显著性检验。从方程中变量系数及作用方向看，与其他地区一致，经济增长和产业结构调整是主要的二氧化碳排放促增因素，且经济增长对二氧化碳排放的促进作用大于产业结构调整。而能源生产类技术和能源利用类技术是主要的二氧化碳排放促减因素，但能源利用类技术的作用大于能源生产类技术，说明研究期内资源型地区二氧化碳减排是偏向于能源利用类技术的。

⑥长江经济带

根据表3-14，长江经济带地区二氧化碳排放影响因素回归方程为：

$$CO_2 = 5.3549 + 0.8165GDP + 0.0352IS - 0.7552UT - 0.8087PT$$

该方程中，除产业结构变量以外，其余所有变量均通过了显著性检验。从方程中变量系数及作用方向看，与其他地区一致，经济增长和产业结构调整是主要的二氧化碳排放促增因素，且经济增长对二氧化碳排放的促进作用大于产业结构调整。而能源生产类技术和能源利用类技术是主要的二氧化碳排放促减因素，但能源生产类技术的作用大于能源利用类技术，说明研究期内资源型地区二氧化碳减排是偏向于能源生产类技术的。

⑦京津冀地区

根据表 3 - 14，京津冀地区二氧化碳排放影响因素回归方程为：

$$CO_2 = -.2368 + 1.2326GDP + 0.1148IS - 0.67UT - 0.1444PT$$

该方程中，所有变量均通过了显著性检验。从方程中变量系数及作用方向看，与其他地区一致，经济增长和产业结构调整是主要的二氧化碳排放促增因素，且经济增长对二氧化碳排放的促进作用大于产业结构调整。而能源生产类技术和能源利用类技术是主要的二氧化碳排放促减因素，但能源利用类技术的作用大于能源生产类技术，说明研究期内资源型地区二氧化碳减排是偏向于能源利用类技术的。

3.4 对结果的进一步分析

通过以上对全国及区域层面二氧化碳减排技术偏向测度，结果显示：从偏向特征看，全国层面总体上偏向于能源生产类技术，即在考察期内，能源生产类技术进步是主要的二氧化碳减排因素。而这一实证结论与我们观察到的情况似乎有所出入。虽然近年来中国能源生产类技术取得了较大进步，表现为能源结构中煤炭等高碳能源比重快速下降，清洁能源比重快速上升（见图 3 - 10），根据《中国统计年鉴 2017》数据显示，在中国终端能源消费中，煤炭占比从 1997 年的 74.3% 下降到 2016 年的 62%，煤炭、石油、天然气三类化石能源占比与 1997 年相比下降了 6.9 个百分点，风电、核电和水电等清洁能源占比从 1997 年的 6.5% 上升为 2016 年的 13.3%，上升了 6.8 个百分点，清洁能源占比快速提升。但从根本上看，并没有改变煤炭、石油、天然气等化石能源占比情况，特别是煤炭，依然是中国的主体能源。2016 年，在中国终端能源消耗总量中，煤炭占比依然高达 62%，煤炭、石油、天然气等化石能源占全部能源消耗量的 86.7%。根据本书设计的算法，20 年间中国的能源生产类技术累计进步幅度仅为 9.14%。而与能源结构优化缓慢形成对比的是，同期中国的能源利用类技术快速进步，表现为经济中能源强度的快速下降（见图 3-11）。数据显示，1997 年，中国的能源强度为 1.7 吨标准煤/万元，而到 2016 年，能源强度下降为 1.02 吨标准煤/万元，20 年间累计下降了 40%。显然，能源生产类技术进步幅度显著小于能源利用类技术。为进一步揭示两种技术的减排贡献，本书分别假定研究期内能源生产类技术不变和能源利用类技术不变两种静态情景发现，当能源生产类技术不变而能源利用类技术按照实际情况变化时，1997—2016 年中国累计排放的二氧化碳量比实际多排放约 13 亿吨；当能源生产类技术按照实际情况变化而能源利用类技术保持不变时，1997—2016 年中国累计二氧化碳排放量比实际高约 97 亿吨。说明能源利用类技术进步确实很大程度上减少了中国的二氧化碳排放规模，贡献超过了能源生产类技术进步。

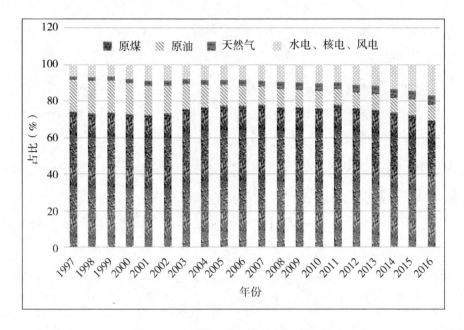

图 3 - 10　1997—2016 年中国能源结构

注：根据《中国统计年鉴 2017》数据绘制

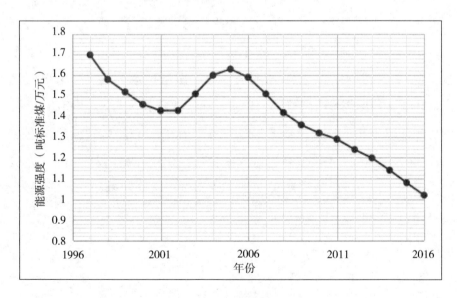

图 3 - 11　1997—2016 年中国能源强度变化趋势图

注：根据 1998—2017 年《中国统计年鉴》数据测算绘制

那么既然能源利用类技术进步的减排贡献远大于能源生产类技术进步，为什么还会出现实证结果中偏向于能源生产类技术进步的结果呢？本书认为这可能与能源回弹效应有关。

能源回弹效应最早是由 Jevons（1865）在《煤炭问题》一书中提出来的，他发现，1830—1863 年间，苏格兰地区钢铁业技术快速进步，单位钢铁的煤炭消耗量大幅下降了 1/3 以上，钢铁业成本得到有效降低，厂商利润增加，进一步增强了产能扩张的信心，整个钢铁行业的规模快速扩大，导致煤炭需求比技术进步前增加了 10 倍。不仅如此，成本下降带动钢铁价格下跌，刺激了以铁为原材料的下游产业发展，从而进一步增加了对煤炭的需求。这一现象引发了人们对能源回弹效应的讨论。Berkhout 等将能源回弹效应界定为：技术进步可以减少能源消费，但同时技术进步也会促进经济增长，从而增加能源消费，部分地抵消了节约的能源。Greene（1992）基于美国 1957—1989 年数据进行估算后发现，短期和长期能源回弹效应均为 5% ~ 19%；Wheaton（1982）对 25 个 OECD 国家的估计也发现，回弹效应是存在的，且短期和长期能源回弹效应均为 6%；Orea 等（2015）通过利用美国 48 个州 1995 至 2011 年数据测算发现，家庭住宅能源回弹效应平均达到 56% ~ 80%；Li 和 Jiang（2016）对整个中国经济领域的能源回弹效应进行了估算，结果表明，2007—2010 年中国的总回弹效应约为 1.9%。此外，还有很多学者从不同角度对能源回弹效应的存在性进行了研究，结果都发现能源回弹效应是普遍存在的（Schipper and Grubb，2000；Bentzen，2004；Saunders，2013；Antal and van den Bergh，2014；Glomsrød and Wei，2005；Grepperud and Rasmussen，2004；Hanley et al.，2006；Wei，2010；Otto et al.，2008；Turner and Hanley，2011；Druckmanet et al.，2011；Freire-González，2011；Chitnis et al.，2013；Murray，2013）。

　　从本书看，能源生产类技术进步可以通过降低能源碳密度，进而降低等量能源消耗产生的二氧化碳，能源利用类技术进步也可以通过提高能源的综合利用效率进而减少理论能源消费量，但与提高能源综合利用水平相比，清洁能源使用除了生产本身的成本以外，还包括能源转换成本（如锅炉更新改造），由此，能源生产类技术进步的减排效应发挥显然要滞后于能源利用类技术进步。从实践看，根据中国《"十三五"控制温室气体排放工作方案》，当中明确了"以碳强度下降目标为主、兼顾碳排放总量控制"的思路，要求到 2020 年，全国碳强度要在 2015 年的基础上下降 18%，大型发电集团单位供电二氧化碳排放控制在 550 克二氧化碳/千瓦时以内，同时要求到 2020 年产业领域单位工业增加值二氧化碳排放量比 2015 年下降 22%。以强度控制为主的碳减排政策是现阶段协调二氧化碳减排与经济发展的优选策略。但从理论上看（如图 3-12 所示），当技术进步能够使微观厂商的碳排放强度满足考核要求时，在利润最大化目标的驱动下，厂商可能会通过扩大生产规模，增加产出来提升利润，此时，能源消费量必然会上升。由于技术进步还无法对短期能源消费量增长做出有效回应，能源消费量增加就可能会导致二氧化碳排放量上升，进而抵消技术进步的二氧化碳减排效果，干扰了回归结果。长期看，随着能源生产类技术和能源利用类技术进步，虽然可以一定程度上消解由于生产规模扩张带来的能源消费量增长，但消解程度存在很多不确定性。李凯杰和曲如晓（2012）的研究就发现，技术进步短期内对碳排放没有明显的作用，但长期内则可以减少碳排放。

　　同时，在本书以终端能源消耗量和相对固定的碳排放系数计算规则下，还无法准确反映实际二氧化碳排放的变化情况，这也一定程度上掩盖了技术减排的真实效果。

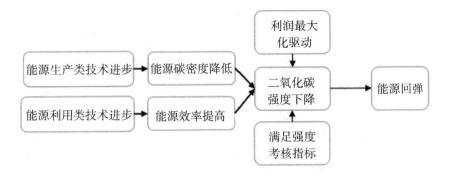

图3-12　强度考核政策下短期能源回弹效应发生机制

　　从区域层面看，根据本书对区域层面偏向测度结果显示，从四大区域看，东部、中部、西部表现为能源利用类技术偏向，而东北地区则表现为能源生产类技术偏向。从本书关注的三个特殊经济区看，长江经济带表现为能源生产类技术偏向，而资源型地区和京津冀地区则表现为能源利用类技术偏向。对东北地区和长江经济带这两个能源生产技术偏向地区而言，本书认为依然是回弹效应影响所致。如图3-13和3-14所示，研究期内，东北地区和长江经济带的能源利用类技术取得了很大进步，累计进步幅度分别为71.29%和72.38%，是本书所讨论几类区域中最高的。从能源生产类技术进步看，东北地区进步幅度达到7.61%，长江经济带则高达25.13%，也是本书所关注的几类地区中最高的。在能源生产类技术和能源利用类技术大幅进步的背景下，厂商扩大生产的动力就更大，回弹程度也可能更高，从而掩盖和干扰了回归结果。

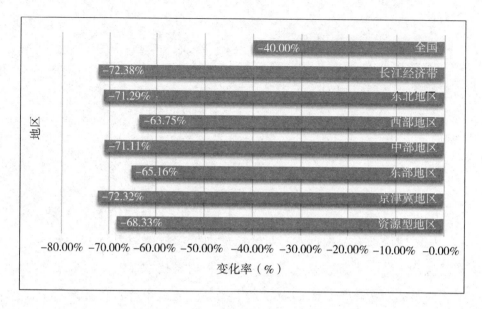

图 3 - 13　1997—2016 年各地区能源利用类技术累计变化率

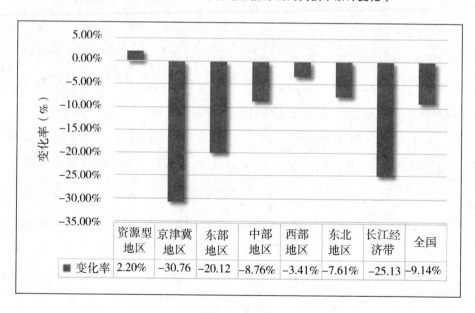

图 3 - 14　1997—2016 年各地区能源生产类技术累计变化率

　　此外，通过测度发现，表现为能源生产类技术偏向的地区，经济增长对其二氧化碳排放的影响普遍较大，产业结构的影响普遍较小，而表现为能源利用类技术偏向的地区则相反。结合原始数据分析后本书认为，经济增长更快、产业结构更"重"的地区其回弹效应可能就会越大，对减排效果的影响可能也更大。

3.5　基本结论

本章在对中国二氧化碳排放现状及减排技术发展等情况进行分析的基础上，利用多元线性回归分析，对中国总体及区域层面的二氧化碳减排技术偏向特征进行了测度，形成如下几个基本结论：

（1）中国二氧化碳排放仍呈快速增长态势，能源活动是主要的二氧化碳排放来源。本章分析发现，从趋势上看，中国二氧化碳排放仍呈快速增长态势，但由于区域发展不平衡，各地区二氧化碳排放的变化趋势并不一致。按照四大区域划分，东部和西部地区二氧化碳排放快速增长，而中部和东北地区则相对缓慢，这与各地区经济发展及产业结构等因素密切关联。值得注意的是，以山西、内蒙古、陕西等为主的八个煤炭资源型地区近年来二氧化碳排放增长迅速，成为各类地区二氧化碳排放增长最快的区域。从排放来源看，能源活动是中国主要的二氧化碳排放来源，占比达到九成以上。其次是工业生产，特别是水泥、钢铁、石灰等工业生产过程是产生二氧化碳的主要来源。

（2）能源利用类技术是当前的主体减排技术，但能源生产类技术会成为未来重点突破的方向。技术进步是抑制二氧化碳排放的重要选择。本章梳理发现，当前中国的减排技术主要以能源利用类技术进步为主，致力于通过提高能源效率、减少能源消耗，进而达到减少二氧化碳排放的目的。但由于能源效率提高导致的能源回弹效应会抵消技术进步的减排效果，同时，技术进步本身还可能存在"天花板"效应。结合《更新报告》和《第二次信息通报》，本书认为，未来中国二氧化碳减排技术会以能源生产类技术进步为主，通过煤炭清洁化以及增加天然气及风电、核电等清洁和可再生能源比重，达到减少二氧化碳排放的目的。

（3）中国二氧化碳减排技术偏向于能源生产类技术，但由于能源回弹效应影响，现阶段能源利用类技术是推动减排的主因。根据本章测度结果，全国层面，中国二氧化碳减排偏向于能源生产类技术。区域层面，按照四大区域划分，东部、中部、西部均表现为能源利用类技术，东北地区偏向于能源生产类技术。对本书关注的三个经济区而言，长江经济带偏向于能源生产类技术，资源型地区和京津冀地区则偏向于能源利用类技术。本书基于静态情景分析和理论研判，认为是由于能源回弹效应抵消了技术减排效果，干扰了回归结果。通过基于原始数据的分析，本书认为，能源利用类技术进步是中国二氧化碳减排的主因。

第4章

偏向型技术演化下中国二氧化碳排放
趋势动态模拟

　　中国作为全球二氧化碳排放最多的国家，促进其二氧化碳减排是承担国际义务、体现负责任大国形象的重要表现。近年来，中国积极推进二氧化碳减排进程，主动承诺到 2020 年，单位产值二氧化碳排放量（即碳排放强度）要在 2005 年的基础上下降 40% ~ 45%，2030 年要在 2005 年的基础上下降 60% ~ 65%，并争取 2030 年左右实现达峰排放。然而，从中国自身看，由于当前正处于工业化和城镇化快速推进阶段，经济增长和人口结构变化导致刚性能源需求增长较快，在中国以煤为主且利用粗放的背景下，中国的二氧化碳减排面临严峻的经济和技术挑战。

　　根据本书第三章研究发现，能源生产类技术和能源利用类技术进步是重要的二氧化碳排放促减因素，特别是能源利用类技术，是过去 20 多年中国主要的减排技术手段。然而，在以强度控制为主的考核手段下，虽然从协调经济发展与减排角度考虑是合理的，但却可能诱发二氧化碳回弹效应，进而影响技术进步的减排效果，给中国二氧化碳减排测算及技术政策制定带来影响。因此，基于当前中国减排实践，在充分考虑经济社会未来需求的情况下开展未来二氧化碳排放趋势分析具有重要的现实意义。

为此，本章将利用情景分析方法，动态模拟不同情景下中国未来二氧化碳排放趋势，从而为科学制定减排技术政策提供决策依据。

4.1 分析思路与方法

二氧化碳排放趋势预测的基本逻辑是先确定二氧化碳排放的影响因素，然后借助模型和工具对各影响因素未来的演化参数进行预测，进而测算出二氧化碳排放的演化趋势。

在具体测算方法方面，常见的有两种。

第一种是利用指标分解技术（主要包括 IPAT、STIRPAT、Kaya 及 LMDI 等）进行二氧化碳排放影响因素分解，然后借助相关理论模型对参数进行估计，并最终测算出二氧化碳排放趋势。如林伯强和孙传旺（2009）利用 Kaya 恒等式将二氧化碳排放的影响因素分解为人均产出、能源强度、能源碳密度和人口结构等几个因素，并基于索罗模型等方法，对经济增长等相关参数进行了估计。预测结果显示，2020 年，中国的二氧化碳排放强度较 2005 年可下降 43.5%，能够完成承诺的 2020 年碳减排目标。朱宇恩等（2016）利用 IPAT 模型对山西省 2030 年二氧化碳排放达峰可能性进行了预测。结果显示，经济增长和节能率是主要的二氧化碳促增和促减因素，且仅当经济中低速增长或年节能率上升 0.6% ~ 0.9% 时方可如期实现达峰排放。也有学者以 IPAT 模型为基础，构造了 STIRPAT 模型进行碳排放趋势估测，结果也普遍支持 2030 年碳排放达峰的结论（宋杰鲲，2011；胡广阔，李春梅，惠树鹏，2016）。

第二种是针对二氧化碳排放与能源及经济系统之间的复杂联系，构建系统模型，并利用数学优化方法进行预测。如由瑞典斯德哥尔摩环境研究所开发的 LEAP 模型、清华大学毕超开发的 IESOCEM 模型、姜克隽开发的 IPAC 模型及基于可计算的一般均衡（Computable General E-quilibrium，CGE）模型开发的 GTAP - E 模型等。这些模型的优点是充分考虑了能源与环境、经济系统之间的复杂联系，将各类因素统筹纳入系统之中进行考虑，从而避免了因为人为分割而产生估计偏差。如常征和潘克西（2014）基于 LEAP 平台，构建了 LEAP - shanghai 模型，对上海市未来能源消费和碳排放趋势进行模拟，结果显示，2040 年后上海可能会出现能源消费和碳排放的峰值。毕超（2015）基于 IESOCEM 模型，以 2030 年达峰排放为约束，模拟选出经济可行的减排方案。姜克隽等（2008）利用 IPAC 模型对中国未来能源需求和二氧化碳减排进行情景预测，结果显示，总体上未来中国的能源需求和二氧化碳排放会显著上升，但如果措施得当，也有较大概率实现 2030 年达峰排放。刘宇、蔡松锋、张其仔（2014）等利用 GTAP - E 模型对中国分别在 2025年、2030 年和 2040 年二氧化碳排放达到峰值的宏观经济和产业部门的影响进行了预测。结果显示，达峰的时间越早对中国经济的负面影响越大，特别是煤炭、钢铁等高耗能行业受到的冲击更大。

此外，也有学者基于历史数据，采用回归等方法进行二氧化碳排放趋势预测。最常见的是利用库兹涅兹曲线（EKC）进行模拟，验证中国二氧化碳排放是否存在倒 U 形关系及何时会出现拐点等。刘建翠（2011）基于交通运输与经济增长历史数据拟合线性方程，并以此对未来交通运输领域碳排放进行预测。结果发现，交通运输行业碳排放水平会持续上升，到 2050 年占全社会碳排放总量的比重约为 14%，并认为技术进步会显著降低交通领域的碳排放规模。

总体上看，尽管各类模型和方法繁简不一，但其预测的准确度都与参数估计水平密切相关。而在已有的研究方法以及指数分解方法以及相关研究中的参数大都以给定或利用模型估计为主，是一个确定的值，属于静态分析，没有体现出经济系统演化的随机特征。而系统模型则过于庞大，不便于操作。

为此，本书将遵循已有研究范式，首先利用 Kaya 恒等式对二氧化碳排放影响因素进行分解，在此基础上，根据邵帅等（2017）的研究思路，引入蒙特卡洛模拟方法，先依据相关权威文献确定参数取值范围，然后进行随机取值运算，最终根据概率分布情况确定二氧化碳排放及相关因素变化区间。

具体看，根据 Kaya 恒等式有式 4.1：

$$CO_2 = \frac{GDP}{P} \cdot \frac{E}{GDP} \cdot \frac{CO_2}{E} \cdot P \qquad (4.1)$$

其中，恒等式左侧 CO_2 表示当年二氧化碳排放总量。

恒等式右侧，$\frac{GDP}{P}$ 中，分母为当年的总产值，分子为当年年末人口总数，二者之商表示人均产出。根据已有研究结论，人均产出与二氧化碳排放之间存在倒 U 形关系，即随着人均产出提高，人均消耗的资源可能会增长，进而带动二氧化碳排放水平增加。但超过某一点后，人均能源消耗可能会开始稳定并逐步下降，从而降低人均排放水平。

$\frac{E}{GDP}$ 分母为当年消耗的能源总量，分子为当年总产值，二者之商表示能源强度，常被用作能源效率的替代指标，属于能源利用技术评价的范畴。本书中将其作为能源利用类技术的替代指标。一般认为，能源利用类技术进步幅度越大，单位产值的能源消耗就会越少。该指标是重要的二氧化碳排放促减因素，是本书考察期内主要的二氧化碳减排促进因素。

$\dfrac{CO_2}{E}$ 表示单位能源二氧化碳排放量，称为能源碳密度，其高低主要与能源结构中化石能源比重有关。假定终端能源消耗中，清洁和可再生能源比重上升，则分子上的二氧化碳排放量就会下降，从而导致能源碳密度指标下降。反之，当终端能源消费中，化石能源比重上升，则排放的二氧化碳总量也会增加，能源碳密度指标就会上升。显然，该指标变化与能源生产类技术进步有关，结合本书设计，可将该指标视为能源生产类技术进步的替代指标，它是重要的二氧化碳排放促减因素。

综上，根据 Kaya 恒等式分解结果，二氧化碳排放受人均产出、能源强度、能源碳密度及人口总数等变量影响。其中，人均产出和人口总数是主要的促增因素，说明经济增长和人口总量增长时推动二氧化碳排放的主要因素。而能源强度和能源碳密度可近似认为是能源利用类技术和能源生产类技术的替代指标，是重要的二氧化碳排放促减因素。但受恒等式自身限制，此处只能包括能源活动产生的二氧化碳，对动物肠道发酵、工业生产及森林碳汇等无法包括在内。考虑到中国二氧化碳排放来源结构，由于能源活动产生的二氧化碳排放占据百分之九十以上，因此作为趋势预测还是有积极意义的。

4.2 排放情景设定

"情景"（Scenario）一词最早是由 Herman Kahn 和 Wiener 于 1967年提出来的。他们认为，由于经济社会发展受到很多因素影响，未来的发展会存在几种可能的结果，而到达这种结果的途径也不是唯一的，对可能出现的几种"途径"进行描述就构成了一个情景。而基于"情景"描述的对未来预测的方法就称为"情景分析法"（Scenario Analysis）。情景分析法的关键是对相关影响因素可能演化轨迹的科学描述，严密的演化推理是确保情景分析结果可靠性的根本保证。由于情景分析可以使决策者对未来的发展的不确定性做出预判，因此被广泛用于经济、军事和环境保护等领域。

根据式 4.1 的分解结果，二氧化碳排放主要受四个因素影响，分别为：人均产出、人口数量、能源强度和能源碳密度。其中，根据本书研究设计，能源强度是作为能源利用类技术的替代指标，而能源碳密度是作为能源生产类技术的替代指标。由此，情景预测就转变为对人口数量、人均产出及能源生产类技术和能源利用类技术等变量的预测。根据本书第三章研究结果，两类技术在减排实践中是存在偏向的，对异质性技术而言，由于差异化的要素比价，可以认为偏向是必然的。因此，在情景设定时，本书既考虑技术本身的演化规律，同时也要体现减排偏向特征。由此，本书设定了如下三种情景，分别是：基准情景、能源生产类技术进步情景和能源利用类技术进步情景。

4.2.1　基准情景

基准情景指的是基于当前发展情形，不再施加任何外在影响，假定技术和经济依照当前的发展轨迹顺序演化，按照趋势外推获得的未来可能结果。根据蒙特卡洛模拟方法对数据的要求，需要给出各相关参数在预测期内的可能变化区间。而根据（郑石明，2016）的研究，经济因素的变化具有非常明显的"路径依赖"特征，通常越是近期的演化特征，其对未来的影响也相应越大。反之，越远期的演化特征，对未来的影响也相应越小。据此，本书参照 Lin and Ouyang（2014）对基准情景的惯性趋势分析，结合邵帅等（2016）的指标处理及国家权威部门的发展规划，依次确定各经济因素变化的中间值和最小值、最大值（见表4-1）。

人口数量。虽然人口数量变化与经济发展有密切关系，但不同于经济变量的演化规律，其总量变化有其自身规律。改革开放以来，中国一直执行严格的计划生育政策，人口自然增长率逐年回落。2013年，中国开始逐步放开计划生育，出台了单独二孩政策，人口自然增长率略有上升。但长期看，作为一项基本国策，计划生育还将在一定时期内得到坚持，有计划的人口政策依然是未来一段时期中国人口领域的主要模式。因此，政策变量在中国人口领域具有非常重要的影响，依据国家权威部门发布的人口发展战略目标进行增长率测算具有现实合理性。根据《国家人口发展规划（2016—2030年）》预测，到2030年，中国人口总数会达到最高峰，峰值人口数量为14.5亿人，此后人口数量开始逐年回落。而2016年底，中国人口总数为13.8亿人，据此推算，2016—2030年中国年均人口自然增长率为0.35%。由于未检索到有权威部门发布2030年人口达峰后人口演化趋势的报告，本书根据陆伟峰等（2015）对2011—2050年中国人口演化趋势的分析数据，达峰后五年内年均人口下降率为1.9%（根据陆伟峰等人的研究，中国人口数将与2024年达峰），考虑到人口发展的内在规律，本书将其作为2031年—2035年人口下降率的中间值。参照林伯强、刘希颖（2010）的做法，分别将其上下浮动1个百分点作为最大值和最小值。综上，2016—2030年期间，基准情景下中国人口数量增长的中间值为0.35%，最大值为0.45%，最小值为-0.9%。

人均产出。人均产出作为经济变量，起变化虽与人口数量变化趋势有关，但从根本上看，还是经济发展本身决定的。依据本书所设定的规则，经测算，1997—2016 年年人均不变价（1997 = 100）GDP 增长率为 8.57%，2000—2016 年年人均不变价 GDP 增长率为 8.81%，2005—2016 年年人均不变价 GDP 增长率为 8.94%，2010—2016 年年人均不变价 GDP 增长率为 7.56%。据此，基准情景下，人均产出变化率最高值取 8.94%，最低值取 7.56%，中间值按照规则应取 8.94%，但因与最大值重复，故取 8.81%。

能源生产类技术。能源生产类技术是促进能源结构优化的根本推动力量，能源生产类技术进步表现为终端能源消费中煤炭等高碳能源比重下降，而油气等相对清洁的能源及风电、核电等可再生能源比重上升。特别是可再生能源的大量使用会极大地降低能源碳密度，从而减少等量能源消耗带来的二氧化碳排放。经测算，1997—2016 年期间，中国能源生产类技术年均变化率为 - 0.51%，2000—2016 年年均变化率为 - 0.5%，2005—2016 年年均变化率为 - 0.8%，2010—2016 年年平均变化率为 - 0.98%，总体上优化幅度越来越大。据此设定，2017—2030 年期间，中国能源生产类技术进步最大值为 - 0.98%，最小值为 - 0.5%，中间值为 - 0.8%。

能源利用类技术。能源利用类技术进步是实现节能减排的重要基础，能源利用类技术进步表现为理论能源消费量下降，单位能源产出增加。根据测算，1997—2016 年中国能源利用类技术年均变化率为 - 2.66%，2000—2016 年年平均变化率为 - 2.22%，2005—2016 年年平均变化率为 - 4.16%，2010—2016 年年均变化率为 - 4.14%，也呈现出加速的趋势。据此，本书将 2017—2030 年能源利用类技术变化的最高值设为 - 2.22%，最小值设为 - 4.16%，中间值设为 - 4.14%。

综上，本书所设定的基准情景下各因素的变化区间既满足了蒙特卡洛模拟的需要，同时也充分考虑了各经济因素的路径依赖特征及人口因素的人口学规律，能够比较好地反映中国现行技术范式下的变量演化趋势。

表4-1　基准情景下各影响因素潜在变化区间

变量	2016		2017—2035 年均变化率		
	实际值	变化率	最高值	中间值	最低值
人均GDP（GDP/P）	3.090	6.190%	8.940%	8.810%	7.560%
能源利用类技术（E/GDP）	1.020	-4.930%	-4.160%	-4.140%	-2.220%
能源生产类技术（CO_2/E）	2.300	-0.310%	-0.980%	-0.800%	-0.500%
人口数（P）	13.8 * 10^8	0.580%	0.450%	0.350%	-0.900%

4.2.2　能源生产类技术进步情景

　　能源生产类技术进步能够极大地改善终端能源消费结构，降低能源碳密度，从而减少二氧化碳排放。近年来，从国际国内趋势看，能源生产类技术呈现加速发展态势。宏观方面，以美国页岩油、页岩气技术及中国的干热岩、可燃冰开采技术为代表的能源生产类技术进步使得未来大量使用清洁和可再生能源成为可能。微观方面，通过清洁煤技术、生物质能生产技术等进步推动高碳能源低碳利用，极大地促进了能源结构清洁化。根据本书第三章对中国未来二氧化碳减排技术演化趋势的分析，有理由相信，能源生产类技术进步会日益成为重要的技术减排方向。因此，能源生产类技术进步情景描述的是预测期内中国能源生产类技术取得显著进步，终端能源清洁化水平显著提升，同时，能源利用类技术按照国家有关规划续常演进，在强化能源生产类技术和续常能源利用类技术进步情景下二氧化碳排放的演化趋势。该情景下能源生产类技术进步不同于基准情景中的"惯性"外推，也与本情景下能源利用类技术的演化不同，是设想强化后的能源生产类技术进步所带来的二氧化碳减排效果，以体现能源生产类技术进步对中国减排目标实现的思考。

能源生产类技术。随着绿色发展理念日益深入人心，推进能源结构转型已成为国家战略，降低煤炭消费比重，提高天然气在终端能源消费中的比例是近期的主要举措。据国家"十三五"规划和《能源发展战略行动计划（2014—2020）》所设定的目标，到2020年，中国天然气在一次能源中的比重将提高到10%，而煤炭要下降到62%。将该目标与2016年现状相比，可以估算出2017—2020年能源生产类技术年均变化率为 - 1.15%。假定，2017—2020年期间中国持续加大能源生产类技术创新投入，并使创新成果在2020年以后持续加速显现，能够保持2005—2016年期间的进步幅度，根据邵帅等（2017）的参数设定，本书将2020—2025年、2026—2030年、2031—2035年期间能源生产类技术的年均变化率分别设定为 - 0.81%、- 0.83%和 - 0.83%。最大值和最小值分别向上向下调整0.2个百分点。

能源利用类技术。近年来，中国能源利用类技术取得了极大进步，表现在能源强度持续下降。但根据一般经济规律，随着能源利用类技术总体水平提高，其进步幅度会逐渐缩小，即"天花板"效应。根据《中国制造2025》所设定的目标，到2020年，中国制造业能源强度要在2015年的基础上下降18%，2025年要在2015年的基础上下降34%。据此测算，中国制造业2016—2020年的年均变化率为 - 3.89%，2021—2025年的年均变化率为 - 3.43%。根据邵帅等（2017）的分析，中国总体的能源强度与制造业部门具有非常相似的走势，因此，本书将其分别作为2017—2020年和2021—2025年的年均变化率中间值。而对于 2026—2030 年和 2031—2035 年的变化率，考虑"天花板"效应的影响，本书在 2021—2026 年变化率的基础上，分别递减 0.4 个百分点作为各区间的中间值。参照林伯强、刘希颖（2009）的做法，各区间分别向上向下调整 0.4 个百分点作为最大值和最小值。

人均产出。林伯强和刘希颖（2009）依据相关文献，在详细估测 GDP 增长率和人口数量变化的基础上预测，2016—2020 年中国人均产出的年均变化率为 6.86%。由于未检索到关于 2021—2035 年中国人均产出变化的文献，本书根据李善同（2010）对未来中国经济增长趋势的预测，平均每 5 年增速下降 1 个百分点。考虑到中国人口增速放缓并逐步达峰下降及长期经济增速下滑等因素，本书设定人均产出在 2016—2020 年之后，也按照每 5 年下降 1 个百分点的趋势演化。各区间向上向下调整 1 个百分点作为最大值和最小值。

人口数量。人口增长有其自身的人口学规律，在能源生产技术进步情景下，人口数量变化依然按照基准情景设定的变化区间，所不同的是，在 2017—2020 年、2021—2025 年、2026—2030 年三个时期内，每个区间的中间值为 0.35%，最大值为 0.45%，最小值为 0.25%。但 2030 年人口数量达峰后，总人口数开始下降，如基准情景所述，下降速度中间值为 1.90%，向上向下调整 1 个百分点作为最大值和最小值。

表 4 - 2　能源生产类技术进步情景下各因素变化区间

变量	2016 实际值	2016 变化率	2017—2020 最高值	2017—2020 中间值	2017—2020 最低值	2021—2025 最高值	2021—2025 中间值	2021—2025 最低值	2026—2030 最高值	2026—2030 中间值	2026—2030 最低值	2031—2035 最高值	2031—2035 中间值	2031—2035 最低值
人均 GDP (GDP/P)	3.09	6.19%	7.86%	6.86%	5.86%	6.86%	5.86%	4.86%	5.86%	4.86%	3.86%	4.86%	3.86%	2.86%
能源利用类技术 (E/GDP)	1.02	-4.93%	-4.29%	-3.89%	-3.49%	-3.83%	-3.43%	-3.03%	-3.43%	-3.03%	-2.63%	-3.03%	-2.63%	-2.23%
能源生产类技术 (CO₂/E)	2.30	-0.31%	-1.35%	-1.15%	-0.95%	-1.01%	-0.81%	-0.61%	-1.03%	-0.83%	-0.63%	-1.03%	-0.83%	-0.63%
人口数 (P)	13.8*10⁸	0.58%	0.45%	0.35%	0.25%	0.45%	0.35%	0.25%	0.45%	0.35%	0.25%	-2.9%	-1.9%	-0.9%

4.2.3　能源利用类技术进步情景

能源利用类技术进步通过提高能源使用效率达到减少能源消费，进而降低二氧化碳排放的目的，表现为单位能源的产出增加。近年来，中国能源利用类技术取得了长足进步，能源强度持续下降，已从1997年1.7吨标准煤/万元下降到2016年1.02吨标准煤/万元（1997=100），累计下降了40%，已经达到了世界先进水平。根据世界银行数据测算，按照购买力平价计算，中国2016年的能源强度已经走在世界前列。但从绝对水平看，与世界领先水平还有差距，特别是在中国面临日益严峻的资源环境约束背景下，促进能源利用类技术进步依然是未来减少二氧化碳的重要选择。能源利用类技术进步情景描述的是在资源环境约束下，中国持续加大能源利用技术创新投入，使技术至少在2030年前能够延续快速进步趋势，从而有效降低潜在能源消耗量，进而减少二氧化碳排放。同时，能源生产技术还能够按照国家有关规划目标持续优化，共同促进二氧化碳排放早日达峰。

能源利用类技术。在能源利用类技术进步情景下，2017—2020年，能源利用类技术按照"惯性"，延续2010—2016年期间的下降趋势，取−4.14%为中间变化率，根据林伯强等（2009）预测的能源需求总量，能源强度指标一般变动幅度为0.3～0.5之间，本书取0.4作为变动幅度，据此，2017—2020年能源利用类技术进步变化区间在中间值的基础上分别向上向下调整0.4个百分点，为−4.54%和−3.74%。根据已有研究，大部分学者认为中国二氧化碳排放将在2030年左右达峰，达峰以前，中国将继续采取强有力的技术措施。参照邵帅等（2017）的做法，本书设定2021—2025年及2026—2030年中国能源利用类技术年均变化率的中间值为3.89%，分别向上向下调整0.4个百分点作为最高值和最低值。2031 年后，二氧化碳排放可能已经达峰，且考虑技术进步的成本较高，因此，在 2021—2030 年的基础上下调 1 个百分点，取 −2.89% 为中间值，并分别向上向下调整 0.4 个百分点作为最大值和最小值。

能源生产类技术。根据《能源发展战略行动计划（2014—2020）》，2020 年煤炭、石油、天然气在终端能源消费中所占比重分别为 62%、13% 和 10%，将其与 2016 年实际值进行比较，可以倒推 2017—2020 年期间，能源生产类技术年均变化率为 −1.15%。根据《中美气候变化联合声明》，中国预期 2030 年非化石能源在一次能源结构中的比重上升到 20% 以上，邵帅等（2017）假定该期间能源生产类技术匀速变化，并将 2021—2025 年及 2026—2030 年的取值分别确定为 −0.6% 和 −0.61%。本书也采用该取值作为两个区间的中间值，并假定 2030 年后依然延续 2026—2030 年的趋势，2031—2035 年变化率取 −0.61% 为中间值。参照林伯强、刘希颖（2010）的测算，各区间分别向上向下调整 0.2 个百分点作为最高值和最低值。

人均产出和人口数量相互影响，但不受能源生产类技术和能源利用类技术进步的影响，因此，本情境下这两个变量的变化与能源生产类技术进步情景的变化一致。

表4-3 能源利用类技术进步情景下各因素变化区间

变量	2016		2017—2020			2021—2025			2026—2030			2031—2035		
	实际值	变化率	最高值	中间值	最低值	最高值	中间值	最低值	最高值	中间值	最低值	最高值	中间值	最低值
人均GDP (GDP/P)	3.090	6.19%	7.86%	6.86%	5.86%	6.86%	5.86%	4.86%	5.86%	4.86%	3.86%	4.86%	3.86%	2.86%
能源利用类技术 (E/GDP)	1.020	-4.93%	-4.54%	-4.14%	-3.74%	-4.29%	-3.89%	-3.49%	-4.29%	-3.89%	-3.49%	-3.29%	-2.89%	-2.49%
能源生产类技术 (CO_2/E)	2.300	-0.31%	-1.35%	-1.15%	-0.95%	-0.80%	-0.60%	-0.40%	-0.81%	-0.61%	-0.41%	-0.81%	-0.61%	-0.41%
人口数 (P)	$13.8*10^8$	0.580%	0.45%	0.35%	0.25%	0.45%	0.35%	0.25%	0.45%	0.35%	0.25%	-2.90%	-1.90%	-0.90%

综上,在设定了三种情景下各因素变化取值区间后,采用蒙特卡洛模拟方法进行模拟。蒙特卡洛模拟与传统的给定取值或敏感性分析思路中给定变化幅度不一样,是根据数据本身的特征进行多次迭代运算,寻找数据的概率分布特征,并最终根据数据的概率分布情况确定数据分布。在这一过程中,对变量分布的假设非常重要,对预测结果会产生直接的影响。由于本书所涉四个变量的概率分布很少有文献涉足,根据Ramírez等(2008)的研究,当变量的可能取值情况及概率分布未知时,三角形分布可能最适用于变量的随机选取。采用三角形分布的最大优势是能够表现出变量的取值集中态势,便于开展相关分析。因此,本书假设各变量在所给定的取值区间按照三角形分布,并利用 MATLAB软件分别进行 10 万次迭代运算,以概率分布形式展现相应运算结果的概率密度。

4.3　排放趋势分析

4.3.1　数据分布特征

在蒙特卡洛模拟运算中,数据分布是根据数据本身的特征通过多次迭代运算形成的。本书利用 MATLAB 进行 10 万次迭代运算后,三种情景下各变量的取值分布情况如图 4 – 1、4 – 2 和 4 – 3 所示。

基准情景下,总体上,各变量的变化率呈偏态三角形分布,其中,人均 GDP 指标的变化率分布偏上线,大多数取值均超过中值 8.81%;能源利用类技术取值总体上也偏上线,但大多数都小于中间值 – 4.14%;能源生产类技术取值总体呈正态分布,取值集中于中间值

−0.8%附近；人口数取值呈偏态分布，集中于中间值0.35%附近。由于基准情景下各变量取值区间中间值不是众数的概念，而是考虑路径依赖等多种经济因素测定的一个值。因此，基准情景下各变量取值趋近中值的分布结果与预期设想一致，符合预测要求。

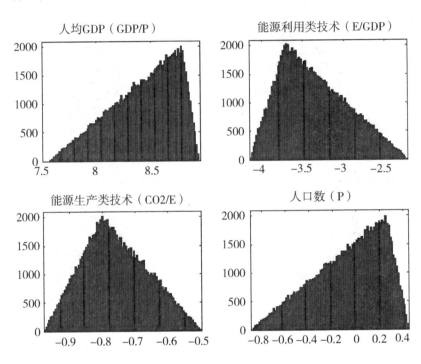

图4−1　基准情景下各变量数据取值分布

生产技术进步情景下，本书根据经济实际运行情况，为各变量设定了四个变化率区间，为反映各变量整体的取值分布情况，本书将不同区间下的取值分布情况进行整合，形成了整体上的变量取值分布（见图4−2）。从图中可以看出，人均GDP变化率取值趋势呈偏态分布，运算中大多数取值集中于6%附近，接近该情景下2017—2025年期间的中间值平均值；能源利用类技术取值呈正态分布，取值主要集中于−3%附近，与该情景下2017—2030年期间的中间值平均值较为接近；

能源生产类技术取值呈偏态分布，取值集中于 - 0.9% 附近，与该情景下所给定的变量取值区间中间平均值较为接近；人口数指标取值呈偏态分布，取值集中于 - 0.1% 左右，表明了人口总数的负增长态势。

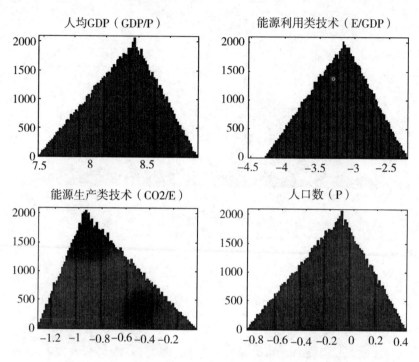

图 4 - 2　能源生产类技术进步情景下各变量取值分布

能源利用类技术进步情景下，人均 GDP 指标变化率取值分布呈正态分布，取值趋势集中于 6.4% 附近，与 2017—2025 年期间的中间值平均值较为接近；能源利用类技术取值分布呈偏态分布，取值趋势集中于 - 3.8% 附近，与 2017—2035 年四个区间的中间值平均值较为接近；能源生产类技术取值分布呈正态分布，取值趋势集中于 - 0.9% 附近，与 2017—2025 年区间的中间值平均值较为接近；人口变化率指标取值呈偏态分布，取值趋势接近 - 1.8%。

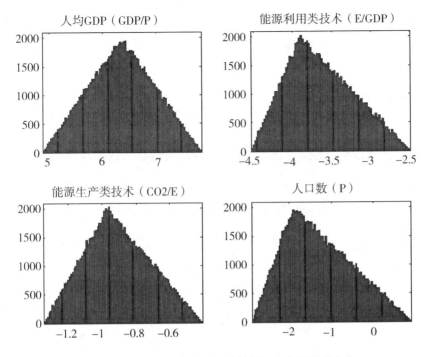

图 4 - 3　能源利用类技术进步情景下各变量取值分布

从三种情景下变量分布特征差异可以看出，人均 GDP 指标变化率取值总体上从大到小依次是基准情景、能源利用类技术进步情景和能源生产类技术进步情景。人口数指标变化率取值从大到小依次是基准情景、能源生产类技术进步情景和能源利用类技术进步情景。能源生产类技术指标变化率取值从大到小依次是能源生产类技术进步情景、能源利用类技术进步情景和基准情景。能源利用类技术指标变化率取值从大到小依次是基准情景、能源利用类技术进步情景和能源生产类技术进步情景。从各变量的取值分布情况看，距离现在越近的区间，取值越多，而距离现在越远的时间取值越少（呈偏态分布），这主要与预测计算本身有关。一般距离越近的，不确定性相对较小，所以取值可能就越多；距离越远，不确定性越大，取值相对就越少。虽然这种分布特征可能对预测结果的准确性产生影响，但可以大体上反映不同情景下二氧化碳的排放演变趋势，能够满足本研究的需求。

4.3.2 演变路径分析

本书根据 MATLAB 10 万次运算预测，分别绘制了三种不同情景下中国二氧化碳排放演变趋势。每一种情景由两幅图构成，其中，第一幅图是二氧化碳排放演变趋势，图中纵坐标表示的是概率密度，横坐标表示的是二氧化碳排放量，该图描述的是各年度可能的二氧化碳排放量及其概率分布。一般认为，概率值越大则其对应的排放值越有可能出现。第二幅图是各年度二氧化碳排放峰值预测，由于蒙特卡洛模拟只能给出可能的取值范围和相应的概率密度，当最大概率值不唯一时，即同时出现多个相同概率的最高值，本书设定取其对应二氧化碳排放量的平均值，通过平均值的演变趋势反映二氧化碳的总体变化情况。另，由于本书并未考虑森林碳汇及二氧化碳资源化利用对最终排放量的影响，参照《中华人民共和国气候变化第二次国家信息通报》和《中华人民共和国气候变化第一次两年更新报告》数据中森林碳汇等减排量占全部排放量比重的情况，本书所提供的预测值可能比实际排放值高约 10% 左右。最终，各情景下二氧化碳排放量趋势预测如下：

（1）基准情景

基准情景考虑技术进步的路径依赖特征，认为未来的技术演化会受到当前技术进步的影响。因此，该情景下，假设在当前减排技术政策基础上，预测在不采取任何新的政策措施时未来可能的二氧化碳排放趋势。根据预测结果，基准情景下（如图 4-4 所示），2017 年，二氧化碳排放的取值间于 95 和 106 之间，最大概率取值约为 105，2030 年二氧化碳排放的取值间于 170 和 185 之间，最大概率取值约为 178，2032

年，二氧化碳排放仍呈增长态势，取值间于 150 和 170 之间，最大概率取值约为 160。利用 MATLAB 将具有相同最大概率值的二氧化碳排放数据取平均值后（如图 4－5 所示），2017 年的二氧化碳排放量约为 105.792 亿吨，2030 年的二氧化碳排放量约为 177.509 亿吨，2032 年的二氧化碳排放量约为 179.28 亿吨，与 2017 年的预测值相比，2017—2032 年期间，二氧化碳排放年均增长率约为 3.5%。这就意味着，如果在当前发展路径下不采取新的规制措施，则预测期内，中国的二氧化碳排放未来仍将持续增长，无法实现 2030 年达峰排放的目标。但同时从图中也可以看出，尽管从二氧化碳排放量上看，总体上呈增长趋势，但2030—2032 年二氧化碳排放的增长有放缓趋势，预示着基准情景下，中国二氧化碳排放可能在 2032 年后的某个时间节点实现达峰。

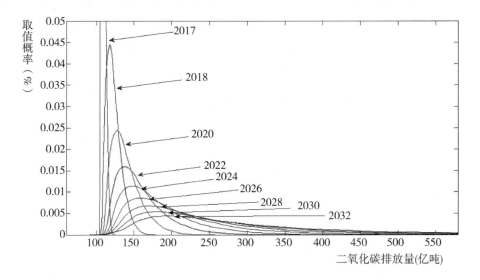

图 4－4 基准情景下二氧化碳排放趋势预测

注：由于 2017 年峰值预测排放量概率显著大于其它预测年份，为保证图片整体效果，2017 年预测值未完整截图。

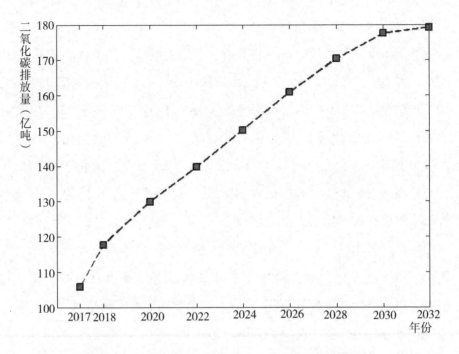

图 4 - 5　基准情景下各年度二氧化碳排放峰值预测

（2）能源生产类技术进步情景

能源生产类技术进步情景描述的是在经济增长、人口及能源利用续常演进的情况下，强化能源生产类技术进步的减排作用，模拟此情景下未来中国二氧化碳排放的演变趋势。根据模拟结果，当能源生产类技术取得较大进步时（见图4-6），2017 年，二氧化碳排放最大概率取值约为 106 亿吨（注：根据模拟数据估算）。可能受变量分布情况及蒙特卡洛方法本身的影响，预测结果显示，从 2026 年开始，二氧化碳排放的集中趋势弱化，意味着该年度二氧化碳排放的不确定性增加，可能的最大值、最小值有非常明显的差距。利用 MATLAB 将具有最大概率值的二氧化碳排放数据取平均值后（如图 4 - 7 所示），2017 年度的二氧化碳排放量约为 107.6 亿吨，2026 年约为 154.8 亿吨，2028 年约为 156.4

亿吨，2030 年约为 155.9 亿吨，2032 年约为 154.5 亿吨，从数量上看，说明在能源生产类技术进步情景下，中国二氧化碳排放可能在 2028—2030 年之间实现达峰。进一步从图示趋势上看，从 2028 年到 2030 年的曲线呈微降趋势，说明能源生产类技术进步情境下，中国二氧化碳排放 2028 年就已经实现达峰排放。

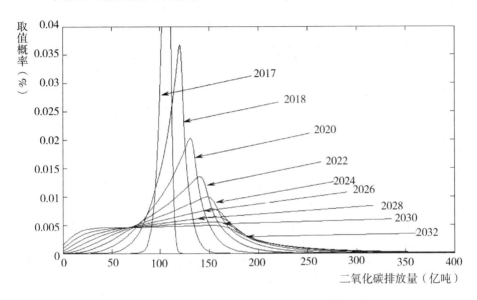

图4-6　能源生产类技术进步情景下各年度二氧化碳排放趋势预测

注：由于 2017 年峰值预测排放量概率显著大于其它预测年份，为保证图片整体效果，2017 年预测值未完整截图。

（3）能源利用类技术进步情境

能源利用类技术进步描述的是人口、经济发展及能源生产类技术按照惯常逻辑演进背景下，当能源利用类技术获得较大幅度提升时二氧化碳排放演变趋势。在此情境下（见图4-8），2017 年，二氧化碳排放的取值间于 90 和 120 亿吨之间，最大概率取值约为 109 亿吨。可能受变量分布情况及蒙特卡洛方法本身的影响，与能源生产类技术进步所预测的结果类似，从 2026 年开始，二氧化碳排放的概率分布开始逐步分散，各年度二氧化碳排放峰值取值范围扩大。利用 MATLAB 将具有最大概率值的二氧化碳排放数据取平均值后（如图 4 - 7 所示），2017 年多的二氧化碳排放量约为 107.6 亿吨，2026 年约为 154.8 亿吨，2028 年约为 156.4 亿吨，2030 年约为 155.9 亿吨，2032 年约为 154.5 亿吨，结合图 4 - 7 可以发现，该情境下二氧化碳排放的峰值为 2030 年的 155.9 亿吨，说明在能源利用类技术进步情景下，中国二氧化碳排放可能在 2030 年实现达峰。

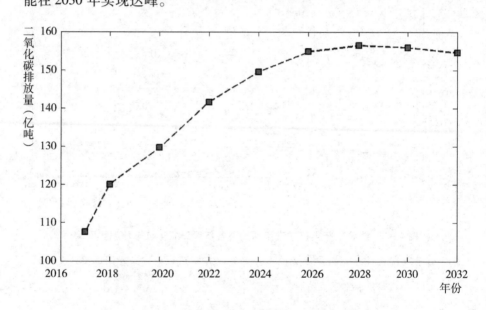

图 4 - 7　能源生产类技术进步情景下各年度二氧化碳排放峰值预测

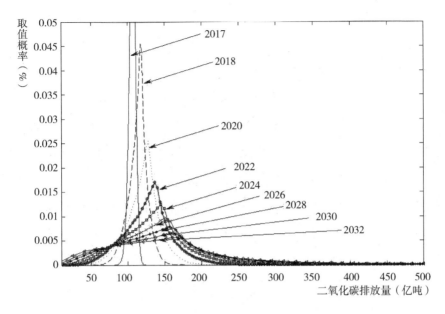

图4-8 能源利用类技术进步情景下各年度二氧化碳排放趋势预测

注：由于2017年峰值预测排放量概率显著大于其它预测年份，为保证图片整体效果，2017年预测值未完整截图。

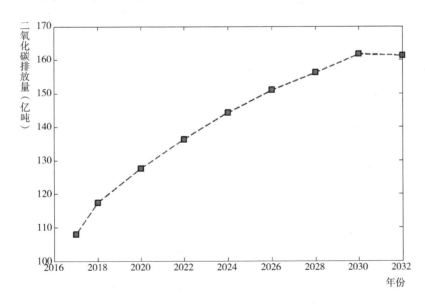

图4-9 能源利用类技术进步情景下各年度二氧化碳排放峰值预测

123

4.3.3　达峰情景比较

将三种情景下二氧化碳排放演变趋势进行对比可以看出（见图4-10），能源生产类技术进步情景从2026年开始表现出明显的收敛趋势，到2028年出现拐点，此后开始稳定下降；而在能源利用类技术进步情景下，2030年前收敛趋势并不明显，大概的拐点出现在2030年。而在基准情景下，从2030年开始表现出明显的收敛趋势，但预测期内并未出现拐点。可见，只有在强化的能源生产类技术进步和能源利用类技术进步情景下，中国的二氧化碳排放才能实现2030年达峰的目标，其中，能源生产类技术进步情景达峰时间要早于能源利用类技术进步情景。

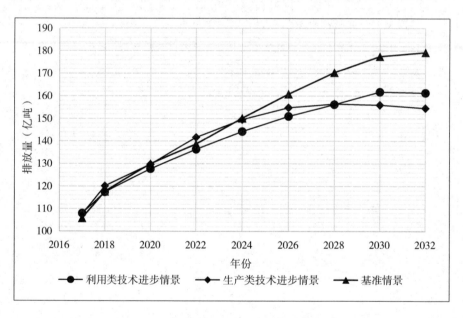

图4-10　三种情景下二氧化碳排放趋势比较

对能源生产类技术进步情景和能源利用类技术进步情景而言，尽管两种情景下都能实现2030年前达峰，但从演变趋势上看还存在差异化的表现。中国于 2009 年提出，要使 2020 年的碳排放强度在 2005 年的基础上下降 40% ～ 45%，2030 年要在 2005 年的基础上下降 60% ～ 65%，并争取早日实现达峰排放。但从两种可以达峰的情景比较看（如图 4 - 11 所示）2020 年，能源利用类技术的二氧化碳排放可能峰值为 127. 67 亿吨，而能源生产类技术的二氧化碳排放可能峰值约为 129. 66 亿吨，能源生产类技术进步情景比能源利用类技术进步情景多排放了约 2 亿吨。而到 2030 年，能源利用类技术进步情景下二氧化碳排放的可能峰值为 161. 719 亿吨，能源生产类技术进步情景下二氧化碳排放的可能峰值则为 155. 942 亿吨，能源利用类技术进步情景比能源生产类技术进步情景多排放了约 5. 77 亿吨（见表 4 - 4）。根据本书情景设定，由于两种情景下经济增长水平设定都是基本一致的，但从模拟结果看，到 2020 年能源利用类技术进步情景的二氧化碳排放水平低于能源生产类技术进步情景，而到 2030 年时则是能源生产类技术进步情景的二氧化碳排放低于能源利用类技术进步情景，因此，可以推定，到 2020 年时，能源利用类技术进步情景下的碳强度要低于能源生产类技术，而 2030 年则是能源生产类技术进步情景的碳强度低于能源利用类技术进步情景。事实上，如果从总体趋势上观察两类技术进步情景的二氧化碳排放趋势的话可以发现，2017—2020 年，能源利用类技术的二氧化碳排放量每两年平均增加幅度为 8. 77%，而能源生产类技术进步二氧化碳排放同期每两年的平均增加幅度则高达 9. 79%，高于能源利用类技术进步。2022—2028 年期间，能源利用类技术进步每两年的平均增加幅度约为 5. 18%，而同期能源生产类技术进步的二氧化碳排放量每两年平均增加幅度约为 4. 85%，低于能源利用类技术进步，呈现出更快的收敛趋势。特别是从 2024 年开始，能源生产类技术进步情景下的二氧化碳排放快速收敛，到 2028 年达峰，而能源利用类技术进步情景下二氧化碳排放虽然也表现出收敛趋势，但收敛速度明显慢于能源生产类技术，到2030年才迎来拐点。

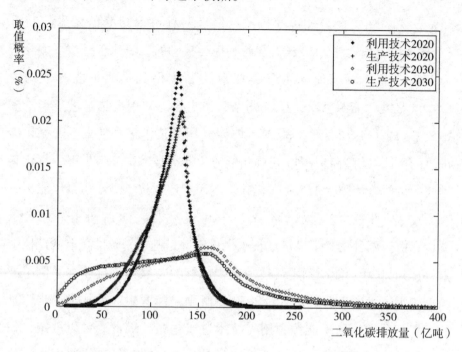

图4-11　典型年份能源生产类技术与利用类技术进步情景二氧化碳排比较

表4-4　能源生产类与利用类技术进步情景下各年度排放预测值比较

年份		2017	2018	2020	2022	2024	2026	2028	2030	2032
利用类技术进步情景	预测值	107.9103	117.376	127.666	136.316	144.272	150.972	156.191	161.719	161.303
	变化率	——	8.77%	8.77%	6.78%	5.84%	4.64%	3.46%	3.54%	-0.26%
生产类技术进步情景	预测值	107.607	120.078	129.663	141.634	149.568	154.803	156.447	155.942	154.547
	变化率	——	11.59%	7.98%	9.23%	5.60%	3.50%	1.06%	-0.32%	-0.89%
差额		0.3033	-2.702	-1.997	-5.318	-5.296	-3.831	-0.256	5.777	6.756

综上可见，尽管能源生产类技术进步情景下，中国二氧化碳排放将

于 2028 年实现达峰，但从绝对量上看，其在 2028 年前其二氧化碳排放水平却一直高于能源利用类技术进步情景的排放量，只是从 2024 年开始，其收敛速度要明显快于能源利用类技术进步情景。

4.4　结果讨论

本章设定了三种情景，分别为基准情景、能源生产类技术进步情景和能源利用类技术进步情景。其中，基准情景主要考虑技术进步的路径依赖特征，依据 2000—2016 年的相关数据设定 2017—2035 年各指标的变化趋势，而能源生产类技术和能源利用类技术则主要以中国各类规划所设定的目标为依据，结合相关文献研究结论，倒推各区间相关指标的变化情况。由于依据各类规划和文献所推定的能源生产类技术和能源利用类技术变化情况并不相同，为了突出能源生产类技术进步和能源利用类技术进步对二氧化碳减排的差异化影响，本章在设定不同情景下各指标变化情况时，采取了交叉取值的方式，即在能源生产类技术进步情景中，取能源生产类技术指标的高值，而取能源利用类技术的低值，但在能源利用类技术进步情景中，则取能源利用类技术指标的高值，取能源生产类技术指标的低值。

按照所设定的各情景下指标变化，利用蒙特卡洛模拟方法进行 10 万次模拟运算后发现，基准情景从 2030 年开始呈现出了逐步收敛趋势，但预测期内并未出现拐点，意味着如果不采取强力手段，无法实现 2030 年达峰排放的目标，特别是不加快技术进步水平的话，中国二氧化碳排放将在一定时期内继续延续上升的趋势。

对于能源生产类技术进步和能源利用类技术进步两种情景而言，前者可能于 2028 年达峰，而后者则可能于 2030 年达峰，表明中国要想如期实现 2030 年达峰排放，必须要在当前基础上，持续加大技术创新力度，促进能源结构优化和能源强度降低。结合本书第二、三章研究内容，有以下两个问题需要加以讨论。

（1）关于两种达峰情景排放收敛异步性问题。模拟结果显示：2022 年前，两种情景的排放演变趋势基本一致，能源生产类技术进步下的二氧化碳排放水平甚至还高于能源利用类技术进步情景，但从 2024 年开始，能源生产类技术进步的二氧化碳排放水平开始加速收敛，并于 2028 年先于能源利用类技术进步情景而实现达峰。为什么会出现异质性的收敛趋势呢？本书认为，这可能是受回弹效应影响的结果。

根据本书的理论假设，是因为政府环境规制（比如碳强度控制）迫使企业采取措施降低二氧化碳排放水平。但从实现路径上，企业既可以通过改进能源利用技术，提高能源使用效率，从而减少能源消耗、实现二氧化碳减排，也可以通过使用更加清洁的能源（比如气代煤，或使用核电等）满足排放要求。此时，影响利润最大化企业决策的主要因素是成本，企业总会选择成本相对较低的减排实现途径。

对改进能源利用技术方法而言，主要是通过改进装备（如新型锅炉的使用）和优化工艺等方式实现，对企业而言，由于改进能源利用技术所涉及的装备和工艺多是在原有技术体系上成长而来，转换成本（设备购置、员工培训、日常维护等）相对较低，在存在国家补贴的情况下，企业成本进一步降低，在正式环境规制和非正式环境规制（舆论压力）的共同影响下，企业减排投资意愿增强（Langpap & Shimshack，2010），宏观上就会充分发挥能源利用类技术进步的减排效果。

对清洁能源使用而言，一方面，由于能源生产类技术进步"缓慢"，清洁能源的成本相对于传统能源而言普遍较高。以天然气为例，$1m^3$ 天然气的热量大约 8500 卡，1kg 标准煤的热量大约 7000 卡，按照热量换算，$1m^3$ 天然气约等于 1.214kg 标准煤。按照目前的价格计算，民用气价约为 2.5 元/m^3，2018 年 2 月 25 日环渤海 5500 大卡动力煤价格约为 570 元/吨，换算为标准煤约为 0.8 元/千克标准煤，如果折算为 $1m^3$ 天然气热值的话，煤炭价格约 0.96 元，仅是天然气价格的 1/3。清洁能源对传统能源处于绝对的价格劣势；另一方面，从转换成本看，由于新型能源的使用需要全新的装备与之配套，在技术环境制约下（主流技术仍以传统装备为主，缺乏足够的与新技术匹配的配套基础），新装备的成本明显要高于传统装备，再加上人员培训、日常维护等成本，通过清洁能源使用减少碳排放显然需要付出更多的代价。尽管与能效改进一样，新能源的使用也一样能获得国家补贴，但由于与能效改进相比成本差距较大，基于清洁能源使用降低二氧化碳排放的路径显然会给企业带来更大的成本负担。

从二氧化碳减排过程看，有资本、劳动和技术等多种要素投入，根据经济增长理论，多个异质性要素之间必然会因比价差异而发生替代。在清洁能源使用成本较高时，理性企业会选择通过其他要素替代的方式降低二氧化碳排放水平，比如更多的使用劳动、资本或能源利用类技术要素。但当能源生产类技术取得较大进步，技术日益成熟，技术环境逐步完善的背景下，通过清洁能源使用减少二氧化碳排放对企业而言就变得"有利可图"，此时，企业会更多地使用清洁能源，而本书第二章分析发现，清洁能源使用尽管也会引致回弹效应，但由于所使用的是清洁能源，因此所导致的二氧化碳回弹会非常有限，进而使得二氧化碳排放水平快速下降。

显然，本章模拟结果中出现的能源生产类技术进步情景下二氧化碳排放快速收敛的现象可能就与此有关。可能是当能源生产类技术持续进步，累积到一定程度的时候，形成了对其他减排要素的"价格"优势，使得清洁能源得到广泛使用，最终导致二氧化碳排放水平快速收敛。在这一进程中，可能存在一个阈值，当能源生产类技术水平低于这一值的时候，清洁能源与其他减排形式相比还不具备"价格"优势，能源生产类技术进步带来的减排效果就非常小。而当能源生产类技术持续进步，达到或超过这一阈值时，其带来的减排效果就会迅速扩大，并最终导致二氧化碳排放水平的快速收敛。之所以出现2022年前能源生产类技术进步情景下二氧化碳排放量高于同期能源利用类技术进步情景的问题，这主要与本章所设定的情景有关，是由于能源生产类技术进步情景下的利用类技术指标劣于能源利用类技术进步情景所导致的。

事实上，关于"阈值"现象，在减排实践中广泛存在，并受到许多学者的关注。著名的环境库兹涅茨曲线（Environmental Kuznets Curve）就是典型的例子。该假说认为，当经济发展超过某一阈值时，地区污染排放就可能迎来拐点。关于这一假说的存在性也得到了国内外众多学者研究的证实（Al – Rawashdeh. et al，2015；Katircioglu，2017；陈向阳，2015；曾翔，沈继红，2017）。事实上，不仅是经济发展与污染排放之间存在阈值效应，在很多微观实践中也都存在。邝嫦娥等（2017）研究发现，正式和非正式环境规制与污染减排之间存在一个阈值，当人均GDP高于门槛阈值时污染减排效应才会显现，且当人均GDP超过6.9545万元后，非正式环境规制存在污染减排效应的"回弹"现象；王素凤等（2016）构建了发电商减排投资实物期权模型，结果发现只有达到或超过某一阈值时发电商才会进行减排投资。

（2）关于能源生产类技术进步情景下二氧化碳排放演变趋势异常

问题。本章模拟结果显示，能源生产类技术进步情景下，尽管在2022年之前其预测的各年度二氧化碳排放水平高于能源利用类技术进步情景，但从2024年开始，能源生产类技术进步情景下的二氧化碳排放快速收敛，并于2028年就实现了达峰排放。而在能源利用类技术情景下，虽然各年度二氧化碳排放预测值低于能源生产类技术进步情景，但到2030年才迎来拐点。本书认为，造成这种现象的原因主要依然与回弹效应有关。

本书第三章通过实证研究和理论分析发现，由于回弹效应的存在，干扰了减排技术偏向计量结果，从根本上看，1997—2016年期间，中国二氧化碳减排主要是依靠能源利用类技术进步实现的。从本章看，设定了三种不同的情景，其中，在能源生产类技术进步情景中，强化了能源生产类技术进步水平，而设定能源利用类技术续常演进。相反，在能源利用类技术进步情景中，则强化能源利用类技术而使能源生产类技术续常演进。在这种情况下，由于能源生产类技术进步的减排效应发挥可能存在阈值效应，当低于阈值水平时，能源生产类技术进步的减排效应发挥就非常有限，而该情景中能源利用类技术取低值，再加上技术进步的回弹效应影响，最终表现为能源生产类技术进步情景中二氧化碳排放在一段时期内高于能源利用类技术进步情景中的二氧化碳排放量。

4.5　基本结论

能源生产类技术和能源利用类技术是促进中国二氧化碳减排的重要技术手段，但由于彼此之间的异质性，在二氧化碳减排实践中会因要素稀缺程度不同而出现偏向。本章基于Kaya恒等式，将二氧化碳排放分解为人口增长、经济发展、能源生产类技术进步和能源利用类技术进步四个变量，并根据各变量的不同演化逻辑，设置了基准情景、能源生产类技术进步情景和能源利用类技术进步情景三种不同的情况，采用蒙特卡洛随机动态模拟方法，经过 10 万次模拟运算后，分别模拟既有技术路线和强化能源生产类技术进步、强化能源利用类技术进步情况下的二氧化碳排放演变趋势。得出以下三个结论：

（1）既有技术路线下二氧化碳将持续增长。本章所设定的基准情景是按照历史逻辑，基于技术演化的路径依赖特征，依据 2000—2016 年各变量的演变趋势设定的。根据模拟结果，虽然基准情景下二氧化碳排放在 2030 年后出现了缓慢收敛的趋势，但预测期内并未出现拐点，说明在既有技术路线下，如不采取新的规制措施，中国的二氧化碳排放在未来相当长一段时期内还将持续增长。

（2）强化技术进步可实现 2030 年达峰排放，但受回弹效应影响，使得达峰进程表现出异步性。根据本章模拟结果，能源生产类技术进步情景和能源利用类技术进步情景均可实现 2030 年二氧化碳达峰排放的目标。其中，能源生产类技术进步情景下达峰时间要早于能源利用类技术进步情景，前者可能于 2028 年就实现达峰，而后者则可能于 2030 年实现达峰。这意味着，从减排效果看，强化能源生产技术的减排效果要优于强化能源利用技术。通过讨论本章认为，这可能与回弹效应有关，虽然两种技术进步都可能导致能源回弹，但能源生产类技术进步使得终端能源消费中清洁能源比重上升，能源回弹并不一定导致二氧化碳大幅回弹，而在能源利用类技术进步情景下，终端能源消费中清洁能源比重低于能源生产类技术进步情景，能源回弹引致的二氧化碳回弹程度相对较高，进而抵消了能源利用类技术进步的减排效果，因此才会出现二者差异化的达峰进程。

（3）能源生产类技术减排存在阈值效应。本章模拟结果显示，在能源生产类技术进步情景下，2022 年之前其二氧化碳排放水平高于能源利用类技术进步情景，但从 2024 年开始，其排放水平快速收敛，并早于能源利用类技术进步情景实现达峰。本书通过理论分析认为，能源生产类技术进步的减排效果可能存在一个阈值，只有当达到或超过这一阈值时，其二氧化碳减排效果才会快速显现。但由于不同技术的二氧化碳减排效果无法准确测度，故无法寻找阈值。

第 5 章

能源生产与能源利用类技术减排效率制约因素识别

在中国二氧化碳减排实践中，能源生产类技术和能源利用类技术是两类主要的减排技术，其中，能源生产类技术以促进能源结构低碳化为主，能源利用类技术以提高能源综合利用水平、降低经济发展的能源强度为主，二者共同作用，推动中国二氧化碳减排进程。根据本书第四章的研究发现，在偏向型的减排技术演化特征下，只有在强化能源生产类技术进步和强化能源利用类技术进步情景下，中国才有可能在 2030 年实现二氧化碳达峰排放。因此，如何促进能源生产类技术和能源利用类技术快速进步是当前中国二氧化碳减排的重要命题。根据内生增长理论，R&D 是技术进步的唯一来源（Romer，1990）。从中国看，迫于二氧化碳减排压力和自身资源约束，近年来不断加大创新资源投入，推动能源生产类技术和能源利用类技术进步。然而，技术进步不仅受到创新资源投入规模的影响，与创新资源配置水平也有密切关系，考虑到技术进步的路径依赖特征，对当前中国的能源生产类技术和能源利用类技术进行效率评价是识别制约两类技术减排效率、实现未来优化的重要基础。

为此，本章将利用技术效率评价方法，通过对当前中国能源生产类技术和能源利用类技术的减排效率进行评价，从中发掘出制约两类技术减排效率的主要因素，从而为未来提升两类技术的减排效果提供实证基础。

5.1　研究设计

5.1.1　目标行业选择

在技术效率评价方面，学者们广泛采用的评价流程是选取评价对象（可以是特定的产业、区域或国家层面）R&D 人员、R&D 经费等指标作为投入指标，选取专利、新产品销售收入等指标作为产出指标，利用数据包络分析（Data Envelopment Analysis，简称 DEA）方法进行效率测算，而这里所指的技术是广义的技术进步。从本书的研究需求看，要对能源生产类技术和能源利用类技术的效率进行评价，这里的效率是指特定技术类别的效率，而非广义的技术效率。因此，学者们常用的基于整体的技术创新资源投入与产出评价不适用于本书的研究，还需要根据技术类别本身的特点重新选择评价范畴。

对能源生产类技术而言，指的是能够促进能源清洁化的技术，这里既包含资源配置等管理"软技术"，也包含技术革新等能源生产"硬技术"，是能源生产领域的广义技术进步概念。而对能源生产领域而言，从中国终端能源消耗构成看，根据《中国统计年鉴 2017》数据显示，2016 年，终端能源消费中煤炭占比为 62%，石油占比为 18.3%，天然气占比为 6.4%，三类合计占终端能源消费比重高达 86.7%，是中国的主体能源。考虑到统计数据的可获取性，本书选择煤炭开采和洗选业、石油和天然气开采业及石油加工、炼焦和核燃料加工业三个行业作为评价对象，通过收集这些行业的技术创新投入和产出数据，进而计算其技术效率。从内涵上看（见附录1），煤炭开采和洗选业所指的是烟煤、无烟煤、褐煤及其他煤炭的开采、洗选和分级活动，不包括煤制品的生产和煤炭勘探活动。所涉及的技术创新投入产出指的是在上述开采活动过程中的创新资源投入和创新产出。石油和天然气开采业指的是在陆地或海洋，对天然原油、液态或气态天然气的开采，对煤矿瓦斯气（煤层气）的开采；为运输目的所进行的天然气液化和从天然气田气体中生产液化烃的活动，还包括对含沥青的页岩或油母页岩矿的开采，以及对焦油沙矿进行的同类作业，包括石油开采和天然气开采两个细分行业（根据最新的《国民经济行业分类》（GB/T 4754—2017），对石油开采和天然气开采进一步细分，但总体范围未做调整）。石油加工、炼焦和核燃料加工业包含四个细分行业，分别是精炼石油产品制造（主要是原油加工、转化，形成新燃料的过程）、煤炭加工（主要是炼焦和煤炭气化、液化）、核燃料加工及生物质燃料加工（主要是以生物质为原料的能源生产活动，不包括木炭、竹炭等产品的加工）。这三个行业对应于中国能源消费中的煤炭、石油和天然气三类主体能源，能够比较好地代表中国能源生产领域的总体水平，因此，选择这三个行业进行能源生产类技术效率评价是合理的。

对能源利用类技术而言，指的是通过提高能源利用效率，减少能源消耗的技术。与能源生产类技术一样，这里也包含资源配置管理等"软技术"和工程技术等"硬技术"两个方面，是广义的技术进步概念。但从评价范畴选择看，不同于能源生产类技术集中于能源生产部门，由于大多数行业都涉及到能源效率改善问题，如果选择不当，可能会将不属于能源利用类技术创新的投入和产出计算在内，从而扭曲计算结果，到底选择哪些行业还需要进一步深入分析。

Porter（1995）认为适当的环境规制能够激发企业的创新行为，这就是"波特假说"。王腾等（2017）通过实证发现，环境规制对广义的技术（文中使用的为全要素能源效率）存在门限效应，即当环境规制在一定范围时，能够促进技术进步，但当超过某一阈值时，就会阻碍技术进步，证明波特假说成立。Jaffe and Palmer（1997）结合实际情况，进一步将"波特假说"细分为三类，分别是"弱波特假说""狭义波特假说"和"强波特假说"。弱波特假说认为在环境规制下，企业为抵消环境成本而开展技术创新；狭义波特假说认为，适当的环境规制才能促进企业技术创新，从而抵消环境成本；强波特假说则认为基于环境规制倒逼作用下的企业技术创新能够帮助企业提高竞争力。显然，抵消环境规制成本是企业开展技术创新的最初级愿景，也就是说，由于环境规制给企业增加了成本，为了抵消这种成本增加，企业有意愿通过技术创新抵消这部分成本。从中国实际情况看，环境规制主要是基于能源强度和污染物排放两个方面展开，因此，在"波特假说"下，利润最大化企业必然会通过提高能源效率降低能源强度和污染物排放水平，进而抵消环境规制带来的成本增加。据此，本书假设：受到环境规制影响越大的行业越有意愿通过技术创新活动提高能源利用效率。那么哪些行业受环境规制影响较大呢？根据刘宇等（2014）的研究，为了促进中国二氧化碳排放早日达峰，国家需采取强有力的环境规制进行倒逼，而模拟的结果显示，二氧化碳排放达峰越早对中国经济发展影响越大，其中电力、建筑、钢铁和水泥等高耗能行业和能源密集型行业受到的冲击较大，而农业、食品、贸易等行业受到的冲击则较小。事实上，高耗能、高排放产业也是 2017 年首批纳入碳交易试点的产业（比如电力），说明这些产业环境受到的环境规制水平更高。

综上可见，高耗能行业是受到环境规制影响较大的行业。考虑到二氧化碳减排的国家目标，本书通过中国统计年鉴，计算并筛选了典型年份能源消耗量和二氧化碳排放量最高的前七位行业（分别见表 5-1、5-2）。从结果可以看出，具备能源消耗量和二氧化碳排放量都靠前的行业分别为黑色金属冶炼和压延加工业，电力、热力生产和供应业，化学燃料和化学制品制造业，非金属矿物制品业四个行业，按照本书所提建设，可以认为这四个行业受到环境规制影响可能更大，其开展能源利用效率改善的技术创新动力可能更高。

表 5-1　典型年份能源消耗量前七位行业

单位：万吨标准煤

年　　份	2004 年	2010 年	2015 年
黑色金属冶炼和压延加工业	29702.49	57533.71	63950.51
生活消费	21281	34557.94	50098.96
化学燃料和化学制品制造业	20346.88	29688.93	49009.38
非金属矿物制品业	18088.4	27683.25	34495.17
交通运输、仓储和邮政业	15104.00	26068.47	38317.66
电力、热力生产和供应业	14578.43	22584.11	26123.75
石油加工、炼焦及核燃料加工业	12173.85	16582.66	23182.81

注：
1. 本表数据来源于各年度中国统计年鉴
2. 因统计年鉴中 2005 年能源消耗量数据缺失，故采用 2004 年数据

表 5-2　典型年份二氧化碳排放前七位行业

单位：万吨

年　　份	2005 年	2010 年	2015 年
电力、热力生产和供应业	205373.13	288598.88	315421.32
石油加工、炼焦和核燃料加工业	116272.93	177081.78	246038.40
黑色金属冶炼和压延加工业	91889.50	138334.65	170832.57
非金属矿物制品业	35103.10	48008.64	63708.48

续表

年　　份	2005 年	2010 年	2015 年
化学燃料和化学制品制造业	34901.77	44873.01	81771.41
煤炭开采和洗选业	25349.34	44571.35	54904.94
有色金属冶炼和压延加工业	5748.87	13116.76	29562.95

注：本表数据由作者根据 IPCC（2006）提供的排放系数计算，数据来源于各年度中国统计年鉴

那么是否能源消耗高就一定会开展技术创新以抵消成本增加呢？根据王班班、齐绍洲（2016）的研究，技术创新更容易发生在国有程度比较高的高耗能行业和成本难以转嫁的行业。结合本书前述内容，虽然受到环境规制后，高耗能行业更有可能通过技术创新提高能源利用效率，减少能源消耗和排放水平，从而抵消增加的成本，但如果这种成本能够比较容易的转嫁，那么企业开展技术创新的动力就会下降。影响成本转嫁难易的主要因素与需求价格弹性有关，如果需求价格弹性较大，转嫁成本会导致价格上升，进而导致需求量大幅减少。反之，如果需求价格弹性较小，成本转嫁之后导致的价格升高并不会对最终需求量产生大的影响。一般而言，竞争性市场领域的需求价格弹性较高，而垄断性市场领域的需求价格弹性较低。对于前述所选择的四个行业而言，黑色金属冶炼和压延加工业及电力、热力生产和供应业既属于高耗能行业，也属于国有化程度比较高的行业，更重要的是这两个行业还是产能过剩相对比较集中的行业（王班班，齐绍洲，2016），属于竞争比较充分的行业。而化学燃料和化学制品制造业及非金属矿物制品业虽然国有化程度不是很高，但属于高耗能和产能相对过剩行业，也是竞争比较充分的行业领域。据此可以判断，由于这四个行业属于高耗能、高排放且成本难以转嫁的行业，因此，在环境规制背景下，其通过技术创新提高能源利用效率，进而抵消规制成本的动力会更高（见图 5-1）。

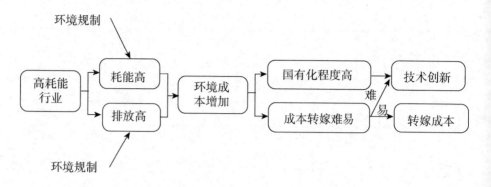

图 5 - 1　高耗能行业环境规制与技术创新关系

综上所述，本书选择煤炭开采和洗选业、石油和天然气开采业及石油加工、炼焦和核燃料加工业三个行业作为能源生产类技术效率评价的目标行业，选择黑色金属冶炼和压延加工业、电力、热力生产和供应业、非金属矿物制品业三个行业作为能源利用类技术效率评价的目标行业。需要说明的是，尽管电力、热力生产和供应业中包含风电、水电、太阳能发电等能源生产类型，但从总量上看，一方面，风电等清洁能源在电力总量构成中占比较小①，火电是其主体；另一方面，对电力、热力生产和供应业而言，更具有高耗能行业能源效率提升的特点。因此，将其纳入能源利用类技术评价目标行业。对于化学燃料和化学制品制造业，根据《国民经济行业分类》（GB/T 4754—2017）划分，该行业包含基础化学原料制造（如烧碱等），肥料制造（如氮肥等），农药制造，涂料、油墨、颜料及类似产品制造，合成材料制造，专用化学产品制造，炸药、火工、焰火产品制造及日用化学产品制造（如化妆品）等八个细分行业，而这些行业中很多与产品有关，其创新投入和产出中也必然会包含很多与能源利用类技术创新无关的数据，从而可能干扰评价

———————————

①　2016 年占比约 20%

结果。

5.1.2　评价方法选择

已有关于技术效率评价的方法中，随机前沿生产函数（Stochastic Frontier Analysis，简称SFA）和数据包络分析方法（DEA）是最常被使用的。其中，SFA方法被称为参数估计方法，通过预先设定生产函数形式（常用的生产函数包括Cobb – Douglas生产函数、Translog生产函数等），并将对结果可能产生影响的误差项进行了区分，进而计算投入产出效率。DEA是以各决策单元的投入产出数据为基础，通过线性规划和对偶原理形成生产可能集，并构造前沿面，然后通过将每个决策单元与前沿面进行比较判断该单元投入产出的合理性，即技术效率。与SFA相比，DEA方法在处理多投入多产出效率评价方面具有优势，但在处理异常值方面，SFA更具优势。但不论是DEA还是SFA，严格地说都是测算某一时点上各决策单元的效率，只能在决策单元间进行横向比较而不能进行纵向比较（王锋，冯根福，2013），而这无疑极大地限制了效率评价对实践的指导意义。此外，根据李谷成等（2013）的研究，DEA方法还可能会出现"技术退步"的悖论，这显然不符合一般的"生产者理性"假设。为解决这种悖论，学者们提出了序列DEA和全局DEA两种解决方案。序列DEA是利用当期及以前各期决策单元（DMU）构造前沿面，而全局DEA则是从第一期到最后一期所有DMU构造前沿面。但这两个方法同样存在两方面的不足：一是长跨度面板数据却要遵循"共同前沿"假设显然与实际不符。当数据跨度较长时，"技术"也必然会随着内外部条件变化而发生变化，序列DEA中当期技术效率却依据以前的技术前沿显然不符合实际；二是全局DEA中当期技术效率却可能依据未来尚未发生的"技术"作为前沿面的假设也不符合经济和技术上的规律。

从本书研究需求看，是想通过对目标行业技术效率的评价，发掘近一段时期以来能源生产类技术和能源利用类技术的资源配置情况，进而研究提出有助于未来技术更好演化的政策建议。结合本章前述内容对目标行业的选择，一是评价的对象行业，即决策单元（DMU）较少（根据经验规律，一般 DMU 观测值数量应该至少在投入产出变量总数的 2 倍以上，且越多越好），每类技术最终选取的目标行业仅有 3 个；二是需要对效率进行纵向比较。显然，不论是 SFA，还是传统的 DEA 方法都无法满足本研究的需求。为此，本书拟选取窗口 DEA 方法进行效率测算。

窗口 DEA（DEA Windows Analysis）方法是 Charnes 等（1984）提出来的一种分析方法。该方法按照一定的步长（窗口宽度）将面板数据进行移动平均划分，然后将同一 DMU 的不同时期视为不同的 DMU，从而达到增加 DMU 数量的目的，对处理小样本数据具有优势。此外，由于窗口 DEA 方法的 DMU 是通过纵向移动划分 DMU，因此可以认为研究期内其前沿面是相同的，即该方法下的效率是可以横向、纵向比较的。可见，窗口 DEA 方法是能够满足本书研究需要的。事实上，从文献检索结果看，在处理小样本面板数据效率测算方面，窗口 DEA 方法也是被广泛使用的方法之一。Halkos 等（2009）利用窗口 DEA 方法对经合组织国家环境效率进行了评价，Zhang 等（2011）利用窗口 DEA 方法对 23 个发展中国家的能源效率进行了评价，王晓等（2014）利用窗口 DEA 方法对 2005—2012 年江西省各设区市的卫生资源配置状况进行了评价，陈建丽等（2014）利用窗口 DEA 方法对中国高技术产业 17 个细分行业在 2002—2011 年间技术创新效率的变动趋势进行了评价。

5.1.3 DEA 窗口模型

DEA 窗口模型将同一个 DMU 的不同时期视为不同的 DMU，本质上是一种移动平均数分析技术（Charnes，1984），其理论过程如下：

假设在一定的时期内（T），有 m 个 DMU，每个 DMU 有 n 种投入 X（假定为 $x_i(i = 1,2,3,\cdots,n)$，$x_i > 0$），有 s 种产出 Y（假定为 $y_j(j = 1,2,3,\cdots,j)$，$y_j > 0$）。则第 K 个 $DMU_k(k = 1,2,3,\cdots,m)$ 在时间 $t(t = 1,2,3,\cdots,T)$ 就有投入向量和产出向量分别为：$(x_{1t}^k,x_{2t}^k,\cdots x_{nt}^k)$、$(y_{1t}^k,y_{2t}^k,\cdots,y_{jt}^k)$。假设时间窗口从时点 h 开始（$1 \leqslant h \leqslant T$），假设步长（即时间窗口宽度）为 w，则每个窗口时间内就有 $m \times w$ 个 DMU。

若以 $h_w(1 \leqslant h_w \leqslant T - w + 1)$ 记为窗口的序号，则窗口 h_w 就有如下投入产出矩阵：

$$X_{h_w} = (x_h^1,x_h^2,\cdots,x_h^m,x_{h+1}^1,x_{h+1}^2,\cdots,x_{h+1}^m,\cdots,x_{h+w}^1,x_{h+w}^2,\cdots,x_{h+w}^m),$$

$$Y_{h_w} = (y_h^1,x_h^2,\cdots,y_h^n,x_{h+1}^1,y_{h+1}^2,\cdots,y_{h+1}^n,\cdots,y_{h+w}^1,y_{h+w}^2,\cdots,y_{h+w}^n)。$$

由此，产出导向 $DMU_{h_w t}^k$ 的效率为：

$$\theta_{h_w t}^k = \max_{\theta\lambda}\theta$$

$$st: -X_{h_w}\lambda_k \geqslant 0$$

$$Y_{h_w}\lambda_k - \theta y_t^k \geqslant 0$$

$$\lambda_k \geqslant 0,(k = 1,2,3,\cdots,m \times w)$$

其中，K 表示 DMU 在窗口 h_w 内的序号，λ_k 为投入产出矩阵的非负系数，$\theta_{h_w t}^k$ 为 DMU_k 在窗口 h_w 内、时间 t 上的相对生产率值。一般认为，该值越大则其生产率就越高。

综上可见，窗口 DEA 方法有效地解决了由于样本数量少带来的效率评价偏差问题，同时，还能够使得效率值在纵向和横向都可比，为指导实践带来了很大的便利。但其中窗口宽度的选取是关键指标之一。如表 5-3 所示，窗口 DEA 的本质是纵向上相近时间周期内统一决策单元的移动平均计算，因此，即要让宽度尽可能小，以减少因技术前沿变化而带来的"不公平"比较，同时还要足够宽，从而保证有足够多的DMU（Asmild，2004）。Charnes 等（1994）认为，选择宽度为 3 或 4 是在可信度和效率测度稳定两方面最好的平衡。综合大多数学者的做法，本书最终也选择窗口宽度为 3。

表 5-3 窗口 DEA 决策单元分析示意

	$t=1$	$t=2$	$t=3$	$t=4$	$t=5$	……	$t=T-4$	$t=T-3$	$t=T-2$	$t=T-1$	$t=T$
窗口 1	E_{11}	E_{12}	E_{13}								
窗口 2		E_{21}	E_{22}	E_{23}							
窗口 3			E_{31}	E_{32}	E_{33}						
……						……					
窗口 $T-w-1$							E_{T-w-11}	E_{T-w-12}	E_{T-w-13}		
窗口 $T-w$								E_{T-w1}	E_{T-w2}	E_{T-w3}	
窗口 $T-w+1$									E_{T-w+11}	E_{T-w+12}	E_{T-w+13}
平均值											

注：本表由作者根据王锋，冯根福（2013）整理

5.2 数据处理

5.2.1 变量选择

本书利用窗口 DEA 分析方法,对能源生产类技术和能源利用类技术效率进行评价,由于评价的对象是特定类型的技术,因此本书通过分析,选择煤炭开采和洗选业、石油和天然气开采业及石油、炼焦和核燃料加工业三个以能源生产为主导的行业作为能源生产类技术评价的目标行业;选择电力、热力生产和供应业,黑色金属冶炼和压延加工业,非金属制品业三个以能源效率提升为创新重点的行业作为能源利用类技术效率评价的目标行业。在指标选择上,投入指标方面,根据技术创新理论,人员和经费是主要的投入资源,参照学者们的普遍做法,本书选择 R&D 人员、R&D 经费及技术改造经费三个指标作为投入指标,而选择专利作为产出指标,各指标释义如下:

R&D 人员。根据国家统计局对 R&D 人员的定义,指的是被调查单位内部从事基础研究、应用研究和试验发展活动的人员。这里既包括直接的研究人员,也包括为相关项目开展提供管理和服务的人员。其中,服务人员指的是为 R&D 活动提供资料文献、材料及设备维护人员。但考虑到各类人员对研发活动贡献的差异,绝对数容易导致平均化倾向而影响人力要素投入质量,因此,本书参照部分学者的做法,按照 R&D 人员全时当量进行衡量。

R&D 经费。R&D 经费是指调查单位用于内部开展 R&D 活动的实际支出。在《中国科技统计年鉴》中,该指标下统计口径包括:R&D

145

经费内部支出和 R&D 经费外部支出两类。其中，外部支出是指转拨给外单位的 R&D 经费，而 R&D 经费内部支出是指被调查单位在报告期内用于内部开展 R&D 活动的实际支出。显然，考虑投入产出对应的情况下，R&D 经费内部支出可能更加符合实际。因此，本书选择 R&D 经费内部支出作为 R&D 经费的衡量指标。

技术改造经费。自主创新、引进消化吸收再创新是中国现阶段促进技术进步的重要手段。其中，自主创新主要与 R&D 人员及 R&D 经费有关，而引进消化吸收再创新则主要与经费投入有关。根据《中国科技统计年鉴》的分类方法，可分为引进技术经费支出、消化吸收经费支出、购买国内技术经费支出和技术改造经费支出四类。对前三类经费而言，本书认为引进和购买不一定能推动技术的进步，消化吸收和技术改造才是促进外部技术资源内部化的重要基础。由于 DEA 分析中，在 DMU 数量总体较少的情况下，如果投入产出指标数过多可能会影响评价结果，因此，本书选择技术改造经费支出指标。

专利。专利是国家为保护知识产权，激励社会开展发明创造的一种法律制度安排，指的是对经专利局审核合格的发明创造授予的专有权。从类别上分，专利可分为发明专利、实用新型和外观设计三类。专利是研发活动的结果，也是技术进步的源头，专利数据一定程度上能够表征某一行业或地区的技术进步情况（潘雄锋，张维维，舒涛，2010）。在三种专利类型中，发明专利被认为是最具"含金量"的指标。发明（专利）是指对产品、方法或者其改进所提出的新的技术方案，是国际通行的反映拥有自主知识产权技术的核心指标。考虑到专利从申请到授权有一定的时滞［从专利申请到专利授权一般有约 18 个月的时滞（杨木荣，陈小平，2010）］，当年的投入可能在未来的某一个周期才会获得授权。为了保持投入产出数据之间的对应关系，本书选择发明专利申请量来衡量专利指标。

5.2.2　数据来源

本书所涉各投入产出指标数据均来源于当年《中国科技统计年鉴》，由于科技统计年鉴中统计口径的调整，本书从国研网统计数据库中获取的仅有2005—2015年行业相关指标数据，因此，本书的研究区间也是2005—2015年。从研究需求看，在一定"技术—经济"范式下，技术的演化具有路径依赖特征，越是距离现在近的时期，其演化特征对未来的影响越大。故选取2005—2015年数据所做分析能够对未来具有一定的借鉴作用。且本章的意图是从近期技术效率的评价中发现制约相关技术成长的主要因素，基于近期数据的效率评价能够满足本章研究需求。

按照窗口DEA的计算规则，本书所要评价的两类技术各包含三个目标行业，每个行业可视为一个DMU（$m=3$），时间段为2005—2015年（$T=11$）。本书选择的窗口宽度为3年，如此，2005—2007为第一个窗口，2006—2008为第二个窗口，以此类推，2013—2015为最后一个窗口，共计形成9个窗口。在此基础上，按照规则，分别计算各年度平均效率值。

5.3　评价结果

5.3.1　能源生产类技术

根据本书所选定的评价方法，经计算，能源生产类技术及各目标行业的效率评价结果如表 5 - 4 所示。

在该表中，有综合效率（Total Efficiency，简称 TE）、纯技术效率（Pure Technical Efficiency，简称 PTE）和规模效率（Scale Efficiency，简称 SE）三种，其中，TE = PTE × SE；纯技术效率指的是因管理和技术等因素变化对效率产生的影响，这里既包含管理等资源配置技术，也包含技术进步本身；规模效率指的是因产业结构调整、产业规模变化等对效率产生的影响。

从能源生产类技术整体效率看（见表 5 - 4 第 X、XI、XII 列所示），从纵向趋势看，规模效率和综合效率呈波动上升趋势，而纯技术效率则总体稳定。参照董艳梅、朱英明（2015）的分类方法，纯技术效率中，有 1 个年份为 DEA 有效，10 个年份为弱 DEA 有效，分别占总年份数的 9.1% 和 90.9%，而规模效率中，达到弱 DEA 有效的年份有 7 个，占比 63.6%，有 4 个年份属于 DEA 无效，占比达到 36.4%。受规模效率不佳影响，综合效率中达到弱 DEA 有效的年份仅有 5 个，占比 45.5%，有 6 个年份为 DEA 无效，占比达到 54.5%。表明研究期内，中国能源生产类技术总体效率不佳，而核心制约因素主要是由规模效率不足导致的。这一点从三类效率的平均值也可以看出（见图 5 - 2），纯技术效率达到 0.948，但规模效率则为 0.853，最终综合效率仅为 0.814。

表5-4 能源生产类技术效率评价结果

年份	煤炭开采和洗选业			石油和天然气开采业			石油加工、炼焦及核燃料加工业			整体效率		
	I 综合效率	II 纯技术效率	III 规模效率	IV 综合效率	V 纯技术效率	VI 规模效率	VII 综合效率	VIII 纯技术效率	IX 规模效率	X 综合效率	XI 纯技术效率	XII 规模效率
2005	0.668	1	0.668	0.646	0.869	0.743	1	1	1	0.771	0.956	0.804
2006	0.479	0.898	0.533	0.662	0.746	0.888	0.977	1	0.977	0.706	0.881	0.799
2007	0.445	0.829	0.537	0.846	0.970	0.872	0.866	0.950	0.912	0.719	0.916	0.774
2008	0.481	0.920	0.524	0.986	0.999	0.987	0.867	1	0.867	0.778	0.973	0.792
2009	0.880	0.974	0.903	0.900	0.978	0.920	0.894	1	0.894	0.891	0.984	0.906
2010	0.631	0.947	0.666	0.763	0.983	0.776	0.853	1	0.853	0.749	0.977	0.765
2011	0.614	0.823	0.746	0.880	0.935	0.941	0.853	1	1	0.831	0.919	0.896
2012	0.975	0.994	0.981	0.716	0.917	0.781	0.988	1	0.988	0.893	0.970	0.917
2013	0.897	0.949	0.945	0.892	0.947	0.942	0.961	1	0.961	0.917	0.965	0.949
2014	0.551	0.783	0.703	0.764	0.866	0.883	1	1	1	0.772	0.883	0.862
2015	0.768	1	0.768	1	1	1	1	1	1	0.923	1.000	0.923
最大值	0.975	1	0.981	1	1	1	1	1	1	0.923	1	0.949
最小值	0.445	0.783	0.524	0.646	0.746	0.743	0.853	0.95	0.853	0.706	0.881	0.765
中值	0.631	0.947	0.703	0.846	0.947	0.888	0.977	1	0.977	0.778	0.965	0.862
平均	0.672	0.920	0.725	0.823	0.928	0.885	0.946	0.995	0.950	0.814	0.948	0.853

表 5 - 5 能源生产类技术效率评价结果分级 单位：个（%）

行 业	列序号	效率类型	优［1］	中（0.8 - 1）	差（<0.8］
煤炭开采和 洗选业	I	综合效率	0（0）	3（27.3）	8（72.7）
	II	纯技术效率	2（18.2）	8（72.7）	1（9.1）
	III	规模效率	0（0）	3（27.3）	8（72.7）
石油和天然 气开采业	IV	综合效率	1（9.1）	5（45.5）	5（45.5）
	V	纯技术效率	1（9.1）	9（81.8）	1（9.1）
	VI	规模效率	1（9.1）	7（63.6）	3（27.3）
石油加工、炼焦 及核燃料加工业	VII	综合效率	4（36.4）	7（63.6）	0（0）
	VIII	纯技术效率	10（90.9）	1（9.1）	0（0）
	IX	规模效率	4（36.4）	7（63.6）	0（0）
整体效率	X	综合效率	0（0）	5（45.5）	6（54.5）
	XI	纯技术效率	1（9.1）	10（90.9）	0（0）
	XII	规模效率	0（0）	7（63.6）	4（36.4）

注：

1. 参照董艳梅、朱英明（2015）的做法，本书将效率值等于1看作 DEA 有效，将效率值间于 0.8 - 1（不含1）看作弱 DEA 有效，将效率值低于 0.8 的看作 DEA 无效

2. 表中括号内数字表示该等级效率值占全部年份的百分比

从不同能源领域的生产技术看（见图 5 - 3），研究期内，石油加工、炼焦和核燃料加工业的总体效率最高，其中，纯技术效率平均达到 0.995，规模效率平均达到 0.950，综合效率平均达到 0.946。煤炭开采和洗选业总体效率最低，其中，纯技术效率平均为 0.920，规模效率平均为 0.725，综合效率平均仅为 0.672。石油和天然气开采业总体效率居中。根据各行业业务范围可以发现，以原始资源采掘为主的行业效率总体较低，而以能源资源加工为主的行业总体效率较高。进一步结合各行业纯技术效率和规模效率分析发现，制约煤炭开采和洗选业、石油和天然气开采业效率提升的主要短板在规模效率，如表 5 - 5 第 I - IX 行

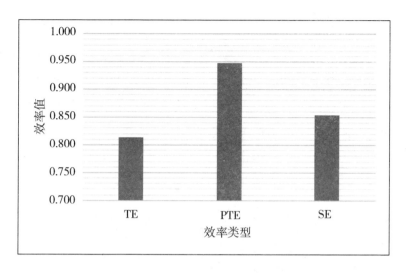

注：图中 TE 表示技术效率，PTE 表示纯技术效率，SE 表示规模效率

图 5 - 2　2005—2015 年能源生产类技术平均效率

数据所示，从纯技术效率看，煤炭开采和洗选业、石油和天然气开采业分别有 2 个和 1 个年份达到 DEA 有效，有 8 个和 9 个为弱 DEA 有效，而石油加工、炼焦和燃料加工业达到 DEA 有效的年份为 10 个，弱 DEA 有效的年份为 1 个，后者比前两个行业达到有效的年份显著得多。从规模效率看，煤炭开采和洗选业、石油和天然气开采业达到 DEA 有效的年份分别为 0 个和 1 个，弱 DEA 有效的年份分别为 3 个和 7 个，分别有 8 个和 3 个年份为 DEA 无效，而石油加工、炼焦和燃料加工业则有 4 个年份达到 DEA 有效，其余年份均为弱 DEA 有效，即效率值均大于等于 0.8，也显著高于前两个行业。通过综合对比可以发现，纯技术效率和规模效率双低是造成煤炭开采和洗选业、石油和天然气开采业综合效率低于石油加工、炼焦和核燃料加工业的主要原因。根据纯技术效率和规模效率的经济学含义，结合各行业的实际运行情况分析，可能是由于石油加工行业技术相对成熟，特别是以油气为主要能源的发达国家已经

形成了完整先进的技术管理体系，其溢出效应可以加速中国在该领域的广义技术进步，从而增强该领域技术创新的投入产出效率。而对资源采掘行业而言，开采条件异质性及技术本身的制约可能会影响创新资源投入的产出效果。因此才会出现纯技术效率的显著差异。对规模效率而言，创新资源投入结构不合理或技术本身的难度都会影响规模效应的发挥，进而对规模效率产生影响。

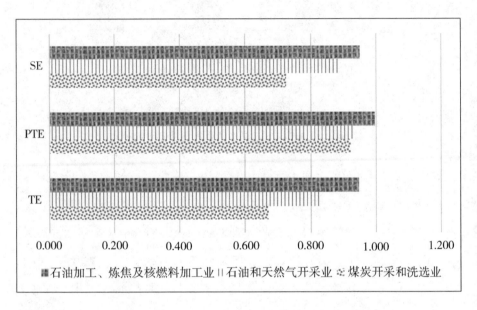

注：图中 TE 表示技术效率，PTE 表示纯技术效率，SE 表示规模效率

图5-3 三个行业平均效率比较

对煤炭开采和洗选业而言（见图5-4），作为中国的主体能源，不论是规模效率，还是纯技术效率，在三类能源生产领域中都是最低的。但从趋势上看，2005—2010 年总体呈上升趋势，2011 年显著下滑；此后，除2014 年以外，2011—2015 年总体则呈上升趋势。结合同期中国煤炭产业实际运行情况看，显然效率变化与产业宏观运行趋势有关，特别是规模效率的变化，表现出了明显的与煤炭产业实际运行互动的趋势。

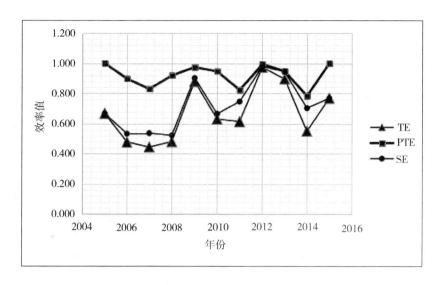

注：图中 TE 表示技术效率，PTE 表示纯技术效率，SE 表示规模效率

图 5 - 4　2005—2015 年煤炭采选业效率评价

5.3.2　能源利用类技术

从能源利用类技术效率整体评价结果看（见表 5 - 6 第 X、XI、XII 列），演化趋势上，纯技术效率呈波动态势，最大值为 2006 年的 0.915，最小值为 2010 年的 0.77，中值为 2008 年的 0.825，平均值为 0.826（见图 5 - 5）；评价期内，有 7 个年份为弱 DEA 有效，有 4 个年份为 DEA 无效（见表 5 - 7 第 XI 行）。规模效率亦呈波动演化趋势，最大值为 2014 年的 0.96，最小值为 2008 年的 0.617，中值为 2005 年的 0.757，平均值为 0.772（见图 5 - 5）；评价期内，有 4 个年份为弱 DEA 有效，7 个年份为 DEA 无效（见表 5 - 7 第 XII 行）。在纯技术效率和规模效率的共同作用下，综合效率总体较差，11 个年份均为弱 DEA 有效（见表 5 - 7 第 X 行），平均值仅为 0.638（见图 5 - 5）。总体上可以说明，评价期内，能源利用类技术效率还有待提升，特别是规模效率，已成为制约总体效率的主要因素之一。

表5-6 能源利用类技术效率评价结果

| 年份 | 电力、热力的生产和供应业 | | | 非金属矿物制品业 | | | 黑色金属冶炼及压延加工业 | | | 整体效率 | | |
	I 综合效率	II 纯技术效率	III 规模效率	IV 综合效率	V 纯技术效率	VI 规模效率	VII 综合效率	VIII 纯技术效率	IX 规模效率	X 综合效率	XI 纯技术效率	XII 规模效率
2005	0.281	1	0.281	1	1	1	0.445	0.449	0.990	0.575	0.816	0.757
2006	0.307	0.960	0.319	0.981	0.990	0.991	0.626	0.795	0.787	0.638	0.915	0.699
2007	0.404	0.925	0.436	0.774	1	0.774	0.538	0.775	0.694	0.572	0.900	0.635
2008	0.636	1	0.636	0.459	0.904	0.508	0.405	0.572	0.708	0.500	0.825	0.617
2009	0.637	1	0.637	1	1	1	0.311	0.344	0.905	0.649	0.781	0.847
2010	0.526	1	0.526	0.731	1	0.731	0.265	0.311	0.850	0.507	0.770	0.702
2011	0.687	0.978	0.702	0.850	0.997	0.853	0.228	0.512	0.445	0.588	0.829	0.667
2012	0.905	1	0.905	0.911	1	0.911	0.265	0.529	0.501	0.694	0.843	0.772
2013	0.954	1	0.954	0.888	0.975	0.910	0.311	0.361	0.863	0.718	0.779	0.909
2014	1	1	1	1	1	1	0.342	0.389	0.880	0.781	0.796	0.960
2015	1	1	1	0.996	1	0.996	0.383	0.482	0.793	0.793	0.827	0.930
最大值	1	1	1	1	1	1	0.626	0.795	0.99	0.793	0.915	0.96
最小值	0.281	0.925	0.281	0.459	0.904	0.508	0.228	0.311	0.445	0.5	0.77	0.617
中值	0.637	1	0.637	0.911	1	0.911	0.342	0.482	0.793	0.638	0.825	0.757
平均	0.667	0.988	0.672	0.872	0.988	0.879	0.374	0.502	0.765	0.638	0.826	0.772

表5－7　能源利用类技术效率评价结果分级

单位：个（%）

行业	列序号	效率类型	优［1］	中（0.8－1］	差（<0.8］
电力、热力的生产和供应业	I	综合效率	2（18.2）	2（18.2）	7（63.6）
	II	纯技术效率	8（72.7）	3（27.3）	0（0）
	III	规模效率	2（18.2）	2（18.2）	7（63.6）
非金属矿物制品业	IV	综合效率	3（27.3）	5（45.5）	3（27.3）
	V	纯技术效率	7（63.6）	4（36.4）	0（0）
	VI	规模效率	3（27.3）	5（45.5）	3（27.3）
黑色金属冶炼及压延加工业	VII	综合效率	0（0）	0（0）	11（100）
	VIII	纯技术效率	0（0）	0（0）	11（100）
	IX	规模效率	0（0）	5（45.5）	6（54.5）
整体效率	X	综合效率	0（0）	0（0）	11（100）
	XI	纯技术效率	0（0）	7（63.6）	4（36.4）
	XII	规模效率	0（0）	4（36.4）	7（63.6）

注：

1. 参照董艳梅、朱英明（2015）的做法，本书将效率值等于1看作DEA有效，将效率值间于0.8－1（不含1）看作弱DEA有效，将效率值低于0.8的看做DEA无效

2. 表中括号内数字表示该等级效率值占全部年份的百分比

从具体行业看，能源利用类技术在三个目标行业中表现出了明显的差异。电力、热力的生产和供应业总体最高（见图5－6），纯技术效率平均达到0.988，规模效率平均达到0.879，综合效率平均为0.872。黑色金属冶炼及压延加工业最低，纯技术效率仅为0.502，规模效率为0.765，综合效率为0.374。非金属矿物制品业总体效率水平与电力、热力生产和供应业较为接近（如表5－7所示），11个年份中，纯技术效率达到DEA有效的年份为7个，规模效率达到DEA有效的年份为3个，综合效率有3个年份达到DEA有效。但如果从评价期内的效率平

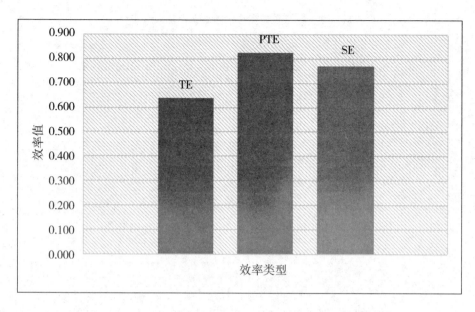

注：图中 TE 表示技术效率，PTE 表示纯技术效率，SE 表示规模效率

图 5 - 5 2005—2015 年能源利用类技术平均效率

均值看，非金属矿物制品业效率水平甚至超过电力、热力生产和供应业。如表 5 - 6 所示，电力、热力生产和供应业的综合效率、纯技术效率和规模效率分别为：0.667、0.988 和 0.672，而非金属矿物制品业的综合效率、纯技术效率和规模效率则分别为 0.872、0.988 和 0.879。

对电力、热力生产和供应业而言，作为中国能源消耗最多、污染物排放最多的行业之一，近年来一直受到社会的广泛关注，特别是对电力行业能效和排放强度的管控日益严格，电力行业的总体技术水平也取得了很大进展。如图 5 - 7 所示，评价期内，电力产业纯技术效率和规模效率都呈明显的上升趋势，在二者的共同作用下，综合效率有 2 个年份达到 DEA 有效，有 2 个年份达到弱 DEA 有效。但受规模效率影响，还是有多达 7 个年份的综合效率为 DEA 无效。这些数据说明电力行业在创新资源投入结构和规模方面还有待进一步优化。

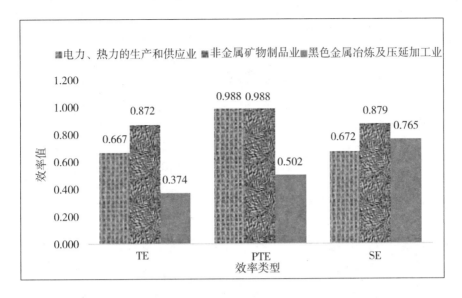

注：图中 TE 表示技术效率，PTE 表示纯技术效率，SE 表示规模效率

图 5 - 6 三个行业平均效率评价

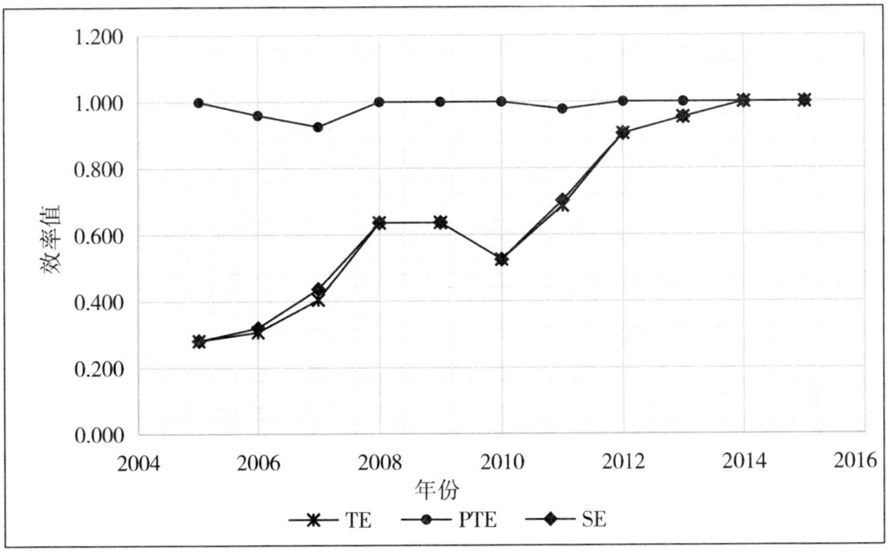

注：图中 TE 表示技术效率，PTE 表示纯技术效率，SE 表示规模效率

图 5 - 7 2005—2015 年电力、热力生产和供应业效率评价

5.4　基本结论

能源生产类技术和能源利用类技术是中国二氧化碳减排中的关键技术类别，促进其进步对实现中国二氧化碳减排目标，兑现国际承诺具有非常重要的现实意义。然而，根据本书的理论和实证分析发现，由于二者之间的异质性，在减排过程中会因彼此间稀缺程度不同而出现偏向，进而造成差异化的二氧化碳减排效果。根据本书第四章的预测，在存在偏向的情况下，只有强化能源生产类技术或强化能源利用类技术时，中国才能实现2030年达峰排放的目标。即只有当能源生产类技术和能源利用类技术取得较大进步的情况下才能完成中国的二氧化碳减排目标。

从促进两类技术进步看，一是不断加大创新资源投入，二是优化创新资源投入结构。由此，对近一段时期以来中国能源生产类技术和能源利用类技术创新效率测度，就成为未来加大创新投入进而促进技术进步的重要基础。由于所测度的技术不同于广义的技术进步，而是具体的技术类别，因此，不能简单套用已有研究的范式，而需要根据技术类别的核心意涵，准确选择其边界。本书在对能源生产类技术和能源利用类技术内涵深入剖析的基础上，考虑到不同行业技术创新侧重的差异，结合理论和实践考察，最终选择煤炭开采和洗选业，石油和天然气开采业，石油加工、炼焦和核燃料加工业作为能源生产类技术的目标行业，选择电力、热力生产和供应业，黑色金属冶炼和压延加工业，非金属矿物制品业三个行业作为能源利用类技术的目标行业，并选择 R&D 人员、

R&D 经费、技术改造经费三个指标作为投入指标，选择专利作为产出指标，利用窗口 DEA 分析技术，对 2005—2015 年两类技术的效率进行了评价。根据评价结果，形成如下结论。

（1）创新资源投入规模和结构不合理是制约能源生产和利用类技术进步的主要因素。从评价结果看，能源生产类技术和能源利用类技术的效率总体水平不高，而核心原因是规模效率不高所导致的。由于本书选择的评价模型是投入导向模型，规模效率不高说明创新资源投入规模和结构还不合理，还有改善的空间。结合实践，对能源生产部门而言，纳入评价的包括煤炭开采和洗选，石油和天然气开采，石油加工、炼焦和核燃料加工业三个，其中，煤炭开采和洗选业规模效率最低，石油和天然气开采业次之，石油加工、炼焦和核燃料加工业最高。三个行业规模效率共同作用导致能源生产类技术的总体规模效率不高。因此，分析导致三个行业规模效率不高的原因是探求能源生产类技术规模效率低下的基础。对这三个行业而言，从能源类型上看，煤炭开采和洗选偏重于煤炭能源，而后两个偏重于石油和天然气能源，从业务范围看，前两个行业偏重于能源资源采掘，而后一个侧重于能源产品二次加工。本书认为，从能源类型看，发达国家目前普遍以油气能源为主，在这些领域已形成比较完善的技术体系，中国作为后发国家，可以发挥后发优势，借助发达国家的技术溢出来提高技术效率；而对煤炭能源，由于发达国家在该领域的技术投入较少，对中国而言，前面已是"无人区"，更多的是需要立足自主，从基础研究到应用研究开展研发活动，促进技术进步。落实到技术创新投入，对油气行业而言，从结构上看，油气行业技术改造的费用就会高，而研发投入会低（注：引进技术后需要对现有技术装备进行改造）；对于煤炭行业而言，与油气行业相比，恰好相反，研发投入高，而技术改造投入相对会低。按照窗口 DEA 分析技术，就必然会出现煤炭行业规模效率低于油气行业现象。关于这一判断，从三个行业的创新投入数据也可以反映出来。如图 5 - 8 和 5 - 9 所示，不论是 R&D 人员投入，还是 R&D 经费投入，煤炭开采和洗选业都是三个行业中最高的，但技术改造经费支出却比较低（见图 5 - 11，注：石油和天然气开采行业技术改造经费支出低的原因本书认为可能与中国缺油少气，油气开采产业规模小有关）。但从专利产出看（图 5 - 10 所示），煤炭开采和洗选业却是最低的，说明高投入没有带来高产出，就会导致规模效率低的问题。

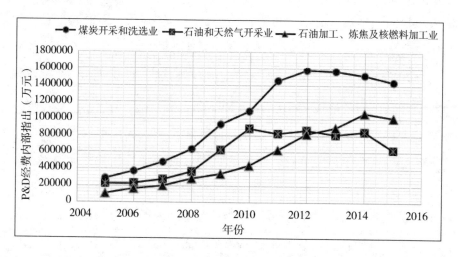

图 5 - 8　2005—2015 年能源生产类技术目标行业 R&D 人员投入

（2）能源利用类技术创新资源管理和配置水平有待提高。根据评价结果，尽管由于能源生产类技术和能源利用类技术选取的是不同的目标行业，二者的评价结果不可相互比较，但从各自组内比较结果看（见表 5 - 5 和表 5 - 7），能源生产类技术的纯技术效率有 1 个年份为 DEA 有效，有 10 个年份为弱 DEA 有效；而能源利用类技术的纯技术效率没有达到 DEA 有效的年份，只有 7 个年份为弱 DEA 有效，有多大能源生产类技术 4 个年份为 DEA 无效。根据纯技术效率的经济学含义，纯技术效率低说明评价对象在创新资源管理和配置方面还有待改善。可见，相对于能源生产类技术的创新资源投入水平，能源利用类技术在创新资源管理和配置水平方面还有待进一步提高。

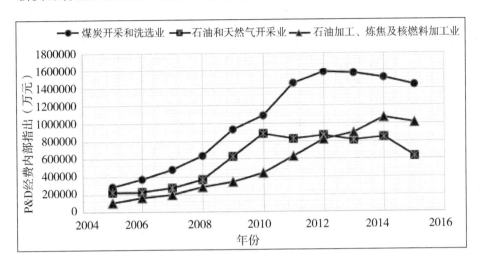

图5-9　2005—2015年能源生产类技术三个目标行业R&D经费内部支出

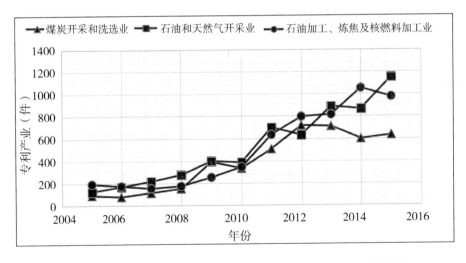

图5-10　2005—2015年能源生产类技术三个目标行业专利申请件数

（3）煤炭、钢铁等高耗能产业领域技术创新效率尚有较大提升空

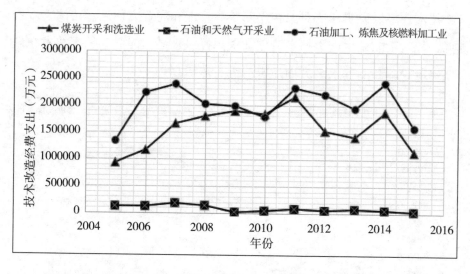

图5-11　2005—2015年能源生产类技术三个目标行业技术改造经费支出

间。根据评价结果，在能源生产类技术的三个目标行业中，煤炭开采和洗选业的纯技术效率、规模效率是最低的。在能源利用类技术的三个目标行业中，黑色金属冶炼和压延加工业的纯技术效率和规模效率是最低的。特别是黑色金属冶炼和压延加工业（见表5-7），11个年份的纯技术效率均为DEA无效，规模效率中，仅有5个年份达到弱DEA有效，有多达6个年份为DEA无效。事实上，从评价结果中也可以看出，正是受煤炭开采和洗选业、黑色金属冶炼和压延加工业效率低下的影响才进一步拉低了所代表的技术类别整体效率下降。实践中，煤炭和钢铁冶金行业领域粗放发展就是明显的例证。

第 6 章

国内外二氧化碳减排政策借鉴

二氧化碳排放是经济活动的产物，过量的排放会加剧全球气候变暖，进而损害人类整体发展利益，具有非常明显的环境负外部性。然而，对于如何消除外部性，学者们有不同的观点。pigou（1920）在《The Economics of Welfare》中提出，工厂烟尘排放对他人利益造成损害，此时，厂商的边际私人成本小于边际社会成本，而其边际私人收益大于边际社会收益，是对社会产品的扣除，存在明显的"外部性"问题，但这种外部性不太容易通过修改双方契约的方式改善，存在市场失灵问题。他认为应该引入外部力量进行干预，通过税收、补贴、强制等方式予以修正，向利益受损方补贴和奖励，而向获取超额收益方征税，即所谓的"庇古税（Pigovian Taxes）"。而 Coase 则认为 pigou 关于外部性的讨论存在路线性的错误，他通过研究证明，当交易费用为零的情况下，无论初始权利如何界定，市场机制都能够实现资源的有效配置，而只有当存在交易费用，且市场交易成本高于外部力量干预成本时，引入外部力量干预才是经济的（1960）。Coase 解决外部性的基本思路是明晰产权，他认为只要把外部性影响作为一种产权确定下来，且谈判费用较小，那么当事人之间就完全可能通过彼此间的资源交易而实现有效资源配置（曾凡银，2010）。张五常（1970）则认为，外部性的本质实际上是交易费用的一种，是节省产权界定权的外生交易费用与节省因产权界定不清而引起的外部性之间的两难问题。实践中，一般容易界定产权的领域（即产权界定效率高，费用低于因产权界定不清而引起的外部性）适合通过市场机制进行资源配置，而无法界定产权或产权界定成本高的领域，除非政府强制建立起市场，否则就不存在市场机制的可行性。

从二氧化碳排放看，外部性是排放者与人类生存发展之间的矛盾。由于排污者众多，而利益受损者也非常广泛，清洁空气的产权界定很难进行。此时，政府作为大众的代表，通过政策对排放者进行规制就成为必然。从实践中看，《寂静的春天》（Rachel Carson，1962）唤起了人们对环境的关注，而政府间气候变化委员会（IPCC）的五次评估报告则进一步增强了人类对气候变化的认知，强化政府对温室气体减排的规制已成为全球的普遍做法，特别是欧盟、日本等国家和地区，在促进碳减排领域进行了积极的政策探索，形成了一些有效的做法。同时，中国也积极推进温室气体减排工作，初步形成了比较完善的减排政策体系。对中国已有二氧化碳减排政策进行回顾和分析，对国际上典型国家和地区碳减排政策实践进行总结借鉴，是中国提出未来二氧化碳减排政策的基础。

6.1 中国二氧化碳减排政策回顾

中国是全球气候变暖的受害者之一，抑制温室气体排放受到政府的高度重视，特别是 2009 年来，中国出台了一系列温室气体减排政策，有效地减缓了二氧化碳排放趋势。但着眼减排技术成长需求，着眼中国

2030 年减排目标实现，对已有政策进行回顾和评价是制定下一步减排对策的基础。

6.1.1 减排政策的构成分析

能源活动、工业生产过程、土地利用和废弃物处理是产生二氧化碳的主要来源，而森林碳汇和资源化利用是重要的二氧化碳吸收处理方式。根据《中华人民共和国气候变化第一次两年更新报告》数据显示，以 2012 年为例，能源活动是主要的二氧化碳排放来源，占总排放量的 87.8% 左右，工业生产过程产生的二氧化碳占总量的 12%，废弃物处理排放的二氧化碳约占总排放量的 0.2%。根据报告中的指标解释，能源活动指的是燃料燃烧过程，而工业生产指的是水泥、纯碱、平板玻璃等产品生产过程。作为二氧化碳产生的两个主要环节，近年来，中国不断加大政策规制力度，初步形成了以法律法规为统领，以各类转型规划、管理条例等为载体的二氧化碳减排政策体系。为了更加全面地回顾中国二氧化碳减排政策，本章拟以《中国应对气候变化的政策与行动年度报告》为来源，分类收集相关政策并进行分析。该报告是由国家发改委应对气候变化司组织编写的，每年编写一部，系统介绍过去一年中国在应对气候变化领域所出台的政策和主要措施。由于尚未检索到有关该报告何年启动编写的背景介绍，目前收集到的报告为 2008—2017 年共 10 年的报告，总计涉及相关政策 271 条（剔除各年报告中重复的政策条目）。经分析整理，政策主要分为以下几类：

（1）以减少化石能源使用的节能和优化能源结构政策

如前所述，化石能源使用是产生二氧化碳的根本来源。因此，减少化石能源使用是实现二氧化碳减排的重要途径。但从具体路径上看，一是通过节能和能源效率提高，减少能源消费总量，进而减少二氧化碳排放；二是通过优化能源结构，降低终端能源消费中化石能源的比重，从而达到减少化石能源消费规模的目的。

从节能和提高能源效率看（如表 6 - 1 所示），法律层面，早在 1997 年，中国就出台了《中华人民共和国节约能源法》，后根据实际情况变化，又先后于 2007 年和 2016 年进行了两次修订。该法涵盖工业节能、建筑节能、交通运输节能和公共机构节能等多个方面，从制度和标准体系、资金和技术安排、宣传和培训及考核奖惩等方面对中国节能工作进行了规范，是中国节能领域的根本法律遵循。另一部法律是《中华人民共和国循环经济促进法》，该法是 2008 年颁布，并于 2009 年实施的。该法以促进资源减量化、再利用、资源化为目标，从法律层面规定了国家有关部门及社会各行业在促进资源节约利用方面的义务。《循环经济促进法》有效地减少了资源消耗，最大限度地实现资源循环利用，从而间接地促进了节能工作。在法律法规引领下，中国还通过专项规划、价格手段推动节能和能源效率提升。如《"十二五"节能减排综合性工作方案》《节能减排"十二五"规划》及《关于居民用电试行阶梯电价的指导意见的通知》等，从多个方面对节能和能源效率改善进行了规定。还针对重点用能行业采取了针对性的节能和能源效率提升行动，如《关于运用价格手段促进水泥行业产业结构调整有关事项的通知》《关于电解铝企业用电实行阶梯电价政策的通知》及《关于开展燃煤电厂综合升级改造的通知》等。通过一系列的政策措施，有力地促进了节能和能源效率提升工作。根据《中国统计年鉴 2016》数据测算，2011—2015 年期间，中国因节能和能源效率提升累计节约 8.7 亿吨标准煤，相当于少排放近 23 亿吨二氧化碳。

表6－1　节能和能效提高典型政策

年份	政策名称	年份	政策名称
1997	节约能源法（2007、2016 两次修订）	2014	关于节能低碳技术推广管理暂行办法的通知
2006	"十一五"十大重点节能工程实施意见	2014	关于运用价格手段促进水泥行业产业结构调整有关事项的通知
2008	循环经济促进法	2014	煤电节能减排升级与改造行动计划（2014—2020）
2010	"十二五"节能减排综合性工作方案	2015	关于加强节能标准化工作的意见
2010	关于加快推进合同能源管理 促进节能服务业发展的意见	2016	"十三五"节能减排综合性工作方案
2010	节能减排"十二五"规划	2016	"十三五"全民节能行动计划
2011	关于居民用电试行阶梯电价的指导意见的通知	2016	2016 年能源工作指导意见
2011	中华人民共和国资源税暂行条例实施细则	2016	固定资产投资项目节能评估和审查暂行办法
2012	关于开展燃煤电厂综合升级改造的通知	2016	关于做好 2016 年度煤炭消费减量替代有关工作的通知
2012	关于印发绿色信贷指引的通知	2016	节能监察办法
2013	关于电解铝企业用电实行阶梯电价政策的通知	2016	能源效率标识管理办法
2014	关于建立健全居民生活用气阶梯价制度的指导意见	2016	重点用能单位节能管理办法

注：本表由作者根据 2008—2017 各年度《中国应对气候变化的政策与行动报告》整理

从优化能源结构看，由于中国富煤、缺油、少气，煤炭长期以来一直是中国的主体能源。而煤炭是典型的高碳能源，大量的煤炭使用是导致中国二氧化碳排放快速增长的主要原因。因此，在优化能源结构方面（如表 6 - 2 所示），中国一方面重视可再生能源发展，如《核电中长期发展规划（2006—2020）》《关于完善风力发电上网电价政策的通知》《生物质能发展"十二五"规划》及《太阳能发电发展"十二五"规划》等；另一方面，立足于中国能源禀赋，致力于推动高碳能源清洁化利用，如《商品煤质量管理暂行办法》《关于促进煤炭安全绿色开发和清洁高效利用的指导意见》。此外，中国还积极通过政策倒逼，减少煤炭利用。如《京津冀及周边地区落实大气污染防治行动计划实施细则》《重点地区煤炭消费减量替代管理暂行办法》等就对有关地区煤炭使用画出红线，以此倒逼能源结构优化。在一系列政策推动下，中国能源结构优化取得很大进步。据《中国能源统计年鉴 2016》数据显示，中国煤炭占能源消费总量比重已从 2005 年的 72.4% 下降至 2015 年的 64.0%，降幅达到 8.4 个百分点；天然气占能源消费总量比重从 2005 年的 2.4% 上升至 2015 年的 5.9%，增幅达到 3.5 个百分点；非化石能源占能源消费总量比重从 2005 年的 7.4% 上升至 2015 年的 12.0%，增幅达到 4.6 个百分点。

表 6 - 2   优化能源结构典型政策

年份	政策名称	年份	政策名称
2005	可再生能源法	2012	页岩气发展规划（2011—2015）
2006	核电中长期发展规划（2006—2020）	2013	京津冀及周边地区落实大气污染防治行动计划实施细则

续表

年份	政策名称	年份	政策名称
2007	关于煤层气（瓦斯）开发利用补贴的实施意见	2014	关于规范煤制油、煤制天然气产业科学有序发展的通知
2008	关于核电行业税收政策有关问题的通知	2014	关于建立保障天然气稳定供应长效机制的若干意见
2009	关于完善风力发电上网电价政策的通知	2014	能源发展战略行动计划（2014—2020）
2011	关于发展天然气分布式能源的指导意见	2014	能源行业加强大气污染防治工作方案
2011	可再生能源发展"十二五"规划	2014	商品煤质量管理暂行办法
2011	煤层气（煤矿瓦斯）开发利用"十二五"规划	2014	天然气分布式能源示范项目实施细则
2011	生物质能发展"十二五"规划	2014	重点地区煤炭消费减量替代管理暂行办法
2011	太阳能发电发展"十二五"规划	2015	关于降低燃煤发电上网电价和一般工商业用电价格的通知
2012	关于出台页岩气开发利用补贴政策的通知	2015	加强大气污染治理重点城市煤炭消费总量控制工作方案
2012	关于进一步推进可再生能源建筑应用的通知	2015	可再生能源发展专项资金管理暂行办法
2012	可再生能源电价附加补助资金管理暂行办法	2016	关于促进煤炭安全绿色开发和清洁高效利用的指导意见
2012	天然气发展"十二五"规划	2016	天然气发展"十三五"规划

注：本表由作者根据 2008—2017 各年度《中国应对气候变化的政策与行动报告》整理

此外，根据《中华人民共和国气候变化第一次两年更新报告》数据显示，2012 年，制造业和建筑业排放的二氧化碳占全部产生量的32.4%，也是主要的二氧化碳排放来源，特别是高耗能行业，由于普遍存在高耗能、高排放特点，优化产业结构也成为现阶段中国重要的二氧化碳减排政策选择（如表 6 - 3 所示）。一方面，中国积极改造优化传统产业，如《关于抑制部分行业产能过剩和重复建设引导产业健康发展若干意见》《"十二五"工业领域重点行业淘汰落后产能目标》《关于化解产能严重过剩矛盾的指导意见》及《关于深化制造业与互联网融合发展的实施意见》等都是通过政策规制，在加快过剩产能和落后产能淘汰的同时，通过信息技术改造提升传统产业；另一方面，积极发展新兴产业，如《促进产业结构调整暂行规定》《"十三五"国家战略性新兴产业发展规划》及《关于金融支持养老服务业加快发展的指导意见》都是以鼓励新兴产业发展，优化产业结构，进而减少经济发展对能源消耗的刚性促进作用为目标的。据《中国统计年鉴2017》数据显示，截至 2016 年底，中国一、二、三产业已由 2005 年的 5.2：50.5：44.3 发展为 2016 年的 4.4：37.4：58.2，工业比重下降了 13.1个百分点，有效降低了经济增长对能源消耗的刚性推动作用，实现了节能与经济增长之间的协调发展。

表 6 - 3　产业结构调整优化典型政策

年份	政策名称	年份	政策名称
2005	促进产业结构调整暂行规定	2016	"十三五"国家战略性新兴产业发展规划
2007	关于加快发展服务业的若干意见	2016	关于深化制造业与互联网融合发展的实施意见

续表

年份	政策名称	年份	政策名称
2009	关于抑制部分行业产能过剩和重复建设引导产业健康发展若干意见	2016	信息产业发展指南
2010	国务院关于加快培育和发展战略性新兴产业的决定	2016	软件和信息技术服务业发展规划（2016—2020）
2012	"十二五"国家战略性新兴产业发展规划	2016	关于煤炭行业化解过剩产能实现脱困发展的意见
2012	服务业发展"十二五"规划	2016	居民生活服务业发展"十三五"规划
2011	"十二五"工业领域重点行业淘汰落后产能目标	2016	政府核准的投资项目目录（2016）
2013	关于化解产能严重过剩矛盾的指导意见	2016	关于金融支持养老服务业加快发展的指导意见

注：本表由作者根据2008—2017各年度《中国应对气候变化的政策与行动报告》整理

（2）以减少工业生产等二氧化碳逃逸的技术推广政策

根据工业生产和废物处理过程中二氧化碳产生的机理，中国积极采取措施，推动二氧化碳减排工作（如表6－4所示）。一是积极推动重点排放源的整治处理工作（如《关于组织开展氢氟碳化物处置相关工作的通知》），二是强化对重点排放产业的管制力度（如《关于严格控制新建、改建、扩建含氢氯氟烃生产项目的补充通知》），三是加快垃圾处理设施建设，四是推广减排技术措施（如《"百县千乡万村"整建制推进测土配方施肥行动》）。在以上措施推动下，尽管2005年以来，相关工业产品产量快速增长，但所排放的二氧化碳量只是微弱上升，年均增幅约为6%，远低于同期相关工业产品产量的增长速度。

表 6-4 工业生产过程控制典型政策

年份	政策名称
2015	关于组织开展氢氟碳化物处置相关工作的通知
2015	关于严格控制新建、改建、扩建含氢氯氟烃生产项目的补充通知
2011	关于进一步加强城市生活垃圾处理工作意见
2012	"十二五"全国城镇污水处理及再生利用设施建设规划
2012	"十二五"全国城镇生活垃圾无害化处理设施建设规划
2012	"百县千乡万村"整建制推进测土配方施肥行动
2016	关于下达 2016 年大型沼气工程中央预算内投资计划的通知
2016	推进水肥一体化方案（2016—2020）

注：本表由作者根据 2008—2017 各年度《中国应对气候变化的政策与行动报告》整理

（3）以增强二氧化碳吸收为主的森林碳汇提高和优化政策

森林光合作用是重要的二氧化碳消减途径，据《中华人民共和国气候变化第一次两年更新报告》数据显示，2012 年，在全部产生的 98.9 亿吨二氧化碳中，森林碳汇减排量达到 5.8 亿吨，占到当年二氧化碳产生量的 5.8%。努力促进林业可持续发展是保障和提升森林碳汇的重要举措。从政策层面看，中国一方面通过政策引导和财政支持，努力扩大森林覆盖面积，如《全国造林绿化规划纲要（2011—2020 年）》《关于继续组织实施长江上游、黄河上中游地区和东北内蒙古等重点国有林区天然林资源保护工程的通知》《三北防护林体系建设五期工程规划（2011—2020 年）》及《京津风沙源治理二期工程规划》等都是政府主导下，通过财政支持开展造林绿化工作，据《中国统计年鉴 2017》数据显示，2005 年以来，中国共计造林 6592.9 万公顷；另一方面是努力促进林业可持续发展，这里既包括森林抚育，也包括林业产业化发展。如《森林抚育作业设计规定》《森林抚育检查验收办法》等为森林抚育提供了科学指导，而《中国北方国有林近自然经营方案编制指南》《南方国有林场工业原料林培育与利用指南》《全国森林经营规划（2016—2050年）》及《全国森林经营人才培训计划（2015—2020年）》则为林业可持续发展奠定了坚实基础。

表6-5　增强碳汇典型政策

年份	政策名称	年份	政策名称
2011	林业发展"十二五"规划	2015	中国北方国有林近自然经营方案编制指南
2011	林业应对气候变化"十二五"行动要点	2015	南方国有林场工业原料林培育与利用指南
2011	全国造林绿化规划纲要（2011—2020）	2015	全国森林经营人才培训计划（2015—2020）
2013	关于继续组织实施长江上游、黄河上中游地区和东北内蒙古等重点国有林区天然林资源保护工程的通知	2016	全国森林经营规划（2016—2050）
2011	三北防护林体系建设五期工程规划（2011—2020）	2010	全国林地保护利用规划纲要（2010—2020）
2011	"长、珠、太、平"三期工程建设（2011—2020）	2013	国家级公益林管理暂行办法
2014	关于印发新一轮退耕还林还草总体方案的通知	2009	应对气候变化林业行动计划
2013	京津风沙源治理二期工程规划（2013—2022）	2016	全民义务植树尽责形式管理办法（试行）
2014	森林抚育作业设计规定	2016	旱区造林绿化技术模式选编
2014	森林抚育检查验收办法	2016	造林技术规程
2014	森林抚育规程	2016	湿地保护修复制度方案

注：本表由作者根据2008—2017各年度《中国应对气候变化的政策与行动报告》整理

6.1.2 减排政策的传导机制

对于减排政策，OECD 于 20 世纪 90 年代进行过系统总结，并将其划分为"直接控制（即命令控制方式）、市场机制、劝说手段（如教育、培训及信息传播等）和道德说教（如社会舆论监督）"四类。直接控制是通过设置市场准入条件等方式强制要求企业按照符合管理者意图的方向开展研发和生产。市场机制则是通过价格、财政、税收、信贷等方式，对企业的成本或利润产生影响，形成经济压力或激励，从而引导企业主动开展减排。劝说手段和道德说教则是通过低碳知识、绿色理念普及，营造绿色发展氛围，从而引导社会转变消费模式，推动二氧化碳减排；从作用介质上看，直接管制和市场机制是通过倒逼和激励，引导企业开展技术创新，从而实现二氧化碳减排；而劝说手段和道德说教则是引导社会转变消费模式，树立绿色理念，从而实现二氧化碳减排。

从中国现行的二氧化碳减排政策看（如图 6 – 1 所示），总体上是以直接控制和市场手段为主体，以劝说手段和道德说教为辅助的政策体系。直接控制方式如《关于严格控制新建、改建、扩建含氢氯氟烃生产项目的补充通知》《商品煤质量管理暂行办法》等就是利用行政强制力对有关对象进行管制，以达到减排目标；市场机制如《关于电解铝企业用电实行阶梯电价政策的通知》及《关于印发绿色信贷指引的通知》等就是利用市场机制引导企业主动节能减排；劝说手段如国家开展的有关环境教育、低碳培训及绿色理念普及等；道德说教如强制环境信息披露等。从传导机制上看，直接控制是通过设置市场准入、运行规则等方式，倒逼企业强化减排技术进步，最终实现二氧化碳减排；市场机制则是通过经济激励引导市场主体主动开展技术创新，促进二氧化碳减排；而劝说手段和道德说教则是通过舆论和文化营造，促进社会消费模式转变，并最终拉动企业开展减排技术进步。从政策实践看，中国在温室气体减排方面使用直接控制手段、劝说手段和道德说教居多，而市场机制相对较少。比如张国兴等（2017）的研究就发现，1998年以来中国所出台的节能减排科技政策中，基于行政措施的减排政策是主要的手段。过度依赖行政手段的原因可能与中国市场机制不健全，且温室气体排放的公共属性有关。二氧化碳排放具有明显的环境外部性，但现阶段由于中国尚未建立全国统一的碳排放交易市场，也未开征碳税，对企业而言，二氧化碳排放的外部性并未内部化，并未转化为企业自觉的行动。因此，中国碳排放就必须借助政府强制力控制，同时，通过劝说和道德说教，引导社会转变消费观念，形成"绿色"消费市场，从而引导企业主动开展减排。

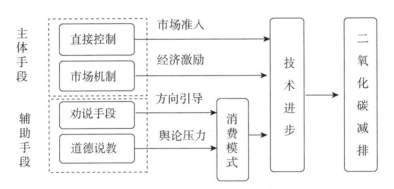

图6-1 现阶段二氧化碳减排政策传导机制

6.1.3 减排政策存在的问题

从以上对中国二氧化碳减排政策的回顾可以发现，从构成上，中国现有的二氧化碳减排政策就是针对二氧化碳的主要产生来源分类制定的，其中，主要是以能源效率改善节能减排和优化能源结构减排为主。

从规制手段看，由于中国碳减排市场机制不健全，目前主要以直接控制为主，辅以劝说和道德说教等方式。从政策的传导机制看，直接控制是通过政策压力倒逼企业开展减排技术创新，市场机制是通过经济激励引导企业开展减排技术创新，而劝说和道德说教则是通过影响消费者偏好进而引导企业主动开展减排技术创新。

从以上分析不难看出，中国目前的二氧化碳减排政策主要存在两个方面的问题。

（1）忽略了环境对减排技术成长的影响

从以上分析可以看出，目前的政策都是潜在的假设通过政策倒逼、经济激励和市场拉动，企业就必然会加大减排技术创新，进而促进二氧化碳减排。那么政策倒逼就一定能推动技术进步吗？答案显然是不一定的。一般逻辑认为，环境规制会使得企业环境成本上升，利润最大化企业会选择通过增加研发投入，促进技术进步，进而通过技术抵消成本上升带来的压力。但许多学者的研究却得出了不一致的结论。Knellera 等（2012）基于英国制造业的数据研究发现，由于环境研发对传统的研发行为具有一定的挤出，导致环境规制与总的技术研发投入之间并不具有正向影响关系；张先锋等（2014）通过实证分析，对环境规制强度与碳排放之间的关系进行了检验，结果发现政策倒逼并未有效地促进技术创新，反而会因为规制强度增加而对经济产生"倒退效应"。有学者认为，之所以出现这样的反例，原因可能主要与企业的投入能力有关，是因为国有企业受到袒护，且垄断地位下的盈利稳定性预期降低其创新投入意愿（刘伟，薛景，2015），而小企业由于缺乏资金，无力投入（郭庆，2007）。本书不否认这种原因的存在，但除了这个原因以外，本书认为还与技术制度缺陷本身有关。技术的成长必然受到经济激励的影响，但二者之间并不是线性关系，技术并不会随着经济激励的增加而线性进步，它还受到技术本身演进规律的影响。比如经济激励下，会出现一些新兴技术，但由于技术制度和社会技术愿景等因素阻碍，新技术可能会"胎死腹中"。简言之，技术的成长还与经济激励以外的外部环境因素有关。事实上，也有学者关注到了类似的现象，张成、陆旸（2011）等对环境规制强度和企业生产技术进步之间的关系研究就发现，中国东中部环境规制强度的提高确实能够倒逼技术进步，而西部地区环境规制强度的提升并未实现同样的效果，但他们的解释是东西部之间国际化水平的差异，东部地区能够凭借其国际化水平高带来的技术溢出而促进技术进步，而西部地区由于无法获得国际化带来的技术溢出，反而加剧了内部竞争，最终导致技术没有获得成长。本书认为，还有一种解释是东部地区拥有相对较为完善的技术制度和社会技术愿景能够为新技术成长带来便利，而西部地区正是由于技术制度不完善，缺乏新技术成长的"土壤"而制约了环境规制的倒逼效果。

综上，当前中国的二氧化碳减排政策主要是引导和倒逼，是基于需求侧的管理手段，解决的是技术向何处去的问题，但技术从哪里来的问题没有被关注或关注较少，这是未来政策设计应该关注的重点之一。

（2）减排政策工具单一

根据本书对中国现行二氧化碳减排政策的回顾发现，直接控制是当前中国主要的二氧化碳减排政策工具，即通过政府政策压力强制企业减排。而由于中国碳减排市场机制不健全，基于市场机制的减排政策工具并未得到广泛使用。单一依赖直接控制手段减排带来的弊端是显而易见的。一方面，由于政府和排污企业之间信息不对称，政府制定规制政策对企业减排进行监督本质上是二者之间的博弈过程（张学刚，钟茂初，2011），除非政府具有强大的管制能力和高效的工作效率，否则就必然会出现企业逃避责任的现象。Russel 等（2013）和 Harrington（1988）

的研究就表明，政府与企业之间的信息不对称会限制政府的监管行为。事实上，由于政府既希望企业发展带动就业和经济，同时还要通过政策规制其排污行为，"矛盾"的心态和强大政府的成本压力决定了直接控制长期看必然是低效的。雷倩华等（2014）的研究发现，当上市公司存在政治关联时，会削弱政府的环境监管效果，使有环境污染的公司"有恃无恐"。另一方面，现实条件也会制约直接控制手段减排效果的发挥。二氧化碳是能源活动和工业生产的结果，而能源活动是所有企业参与的过程，由于企业分散、特征差异明显，政府很难实现全面监管，特别是对广大中小企业，政府监管面临巨大的难题（刘嘉杰，2013）。

总之，信息不对称、政府能力限制等都表明，单一依靠直接控制手段监督企业减排是不科学的，应该在未来的政策设计中逐步加以改进。

6.2 典型国家（或地区）促进碳减排的管理政策

在政府碳减排管理方面，欧盟是最早开展政策实践的地区，而日本是政策较为系统，取得效果较为明显的国家。通过对欧盟和日本碳减排管理政策梳理，可以为促进中国未来二氧化碳减排政策制定提供经验借鉴。

6.2.1 欧盟

欧盟的战略是首先明确地制定中长期的具有约束力的减排目标，然后，通过立法以及制定相应的政策，采取相关税制和排放量交易等手段以确保实现减排的目标。

（1）加强气候变化立法

早在 2008 年 1 月，欧盟气候变化委员会就公布了具有立法性质的"气候变化与能源一揽子法案"，其主要内容如下：

一是明确各成员国 2020 年的温室气体减排目标。以 2005 年为基准，到 2020 年欧盟区域整体的温室气体排放量比 1990 年削减 20%，并规定各成员国的排放量。国别减排目标是在考虑各成员国人均 GDP 差异的基础上，在 −20% 至 20% 之间制订的，人均 GDP 越高，温室气体减排的目标值越大。人均 GDP 较高的卢森堡和丹麦的 2020 年温室气体减排目标为 20%，英国为 16%，德国为 14% 等。

二是规定最终能源中可再生能源所占比例。按照欧盟确定的到 2020 年最终能源消费中可再生能源所占比重的目标，根据 2005 年的实际情况，设定 2011 年以后每两年的阶段性目标。根据这些目标，各成员国到 2010 年必须制订包括电力、空调、运输等各领域的国别行动计划，并提交给欧洲委员会。法案规定在运输领域，生物质燃料所占的比重到 2020 年必须达到 10% 以上，并且准备就火力发电站建立二氧化碳回收和储藏设施进行立法。目前，欧盟许多可再生能源技术虽然还处于不同的技术开发阶段，但欧盟已经或即将出台相关政策加快向低碳经济转型的步伐，希望以此确保其在可再生能源政策上始终处于世界领先地位。为了促进可再生能源发展，德国、西班牙、意大利、法国等 22 个国家已经实行了固定价格购买制度（FIT），由政府强制性地规定电力公司以高价购买利用可再生能源开发的电力。

（2）强化税收政策引导

①地球变暖对策的相关税制

"碳税"是指根据商品的二氧化碳排放量对其进行课税的制度。据记载，碳税就是最早的、系统全面的管理碳排放的制度性措施。其实施效果十分显著，更关键的是它会促使欧盟各国产业结构的优化，对欧盟提高低碳经济的国际竞争优势发挥了巨大作用。经过长期对低碳经济的研究，学者们给出欧盟碳税制度的两大特点。

一是遵循阶梯式变动的理念，先少后多。即征税实验阶段，协商给定一个相对较低的碳税税率，再阶梯式提高，逐渐达到预想的水平。

二是分角度差别对待、奖惩配套。主要是根据不同的行业、部门碳排放量的多少，及因行业差异生产出来的产品含碳量的多少，分别设置差异化的税率。这样，欧盟可以在总体上实现减排计划的同时，兼顾各成员国差异性，有效地平衡各成员国和欧盟的利益。

②排放量交易制度

为了协助成员国履行《京都议定书》的相关承诺，欧盟于 2005 年正式启动了"欧盟地区排放权交易制度（EUETS）"。欧盟排放交易体系的具体做法是：欧盟各成员国根据欧盟委员会颁布的规则，为本国设置一个排放量的上限，确定纳入排放交易体系的产业和企业，并向这些企业分配一定数量的排放许可权——欧洲排放单位（EUA）。

该交易制度规定：如果企业能够使其实际排放量小于分配到的排放许可量，那么它就可以将剩余的排放权放到排放市场上出售，获取利润；反之，它就必须到市场上购买排放权，否则，将会受到重罚。此制度下，将各国的碳排放权定性为一种在一定条件和环境下流通的稀缺商品。分权化治理模式是 EUETS 最主要的特点，因为在该体系下成员国在排放交易体系中拥有相当大的自主决策权，这样体系就具备积极性、可持续性。该体系最主要的作用就是减少二氧化碳的排放量，通过提高企业生产技术手段来提高了自身的国际竞争力。

"欧盟地区排放权交易制度"实施前两个阶段，依据各企业以往的碳排放量情况，欧盟将一定额度的碳排放量无偿地分配给各企业，以达到减轻企业负担的目的；而在第三阶段，欧盟将采用竞标方式有偿分配碳排放量。

6.2.2　日本

低碳经济作为一场变革传统产业、生活方式的社会经济活动，需要有相应的政策为之提供保障。日本的低碳政策创新主要表现在建立完整的法律体系、推行独特的政策手段以及建立有效的组织结构三个方面。

（1）建立完整的法律体系

为了更好地发展低碳经济，建设低碳社会，日本根据国内外形势对现有的能源环境立法进行了修订和完善，并且适时颁布了新的法律、法规，为其发展低碳经济提供政策支持。

1979 年，日本政府出台了以节省能源为目标的《节能法》，并不断对其进行修订，并于1998 年增加了"领跑者制度"，对达到"领跑者"能效指标的产品设立了较高的补贴标准，2013 年，"领跑者制度"进一步延伸至墙体隔热材料、门窗玻璃等产品领域。目前，日本约90% 的企业都在该法规制的范围之内。此外，日本还先后通过了《关于促进利用再生资源的法律》《合理用能及再生资源利用法》《环境基本法》《关于促进新能源利用等基本方针》《可再生能源标准法》《新能源法》《地球变暖对策推进法》《能源合理利用法》修正案和《推进地球温暖化对策法》修正案等法案，初步形成了以基本法、综合法和专项法为架构，基本法统领综合法和专项法的法律体系。

（2）推行独特的政策手段

为了促进低碳经济的发展，使节能减排取得实效，日本政府利用富有特色的经济政策加以引导。这些政策包括：

①碳排放权交易制度

日本是世界上较早开始碳排放权交易的国家。早在 2008 年 10 月，日本根据"构建低碳社会行动纲领"开始进行减排量交易的试验，该试验的名称是"减排量交易国内统合市场的试验"。"减排量交易国内统合市场的试验"主要由"试行减排量交易机制"和"国内证书交易"两个部分构成。"试行减排量交易机制"是指，企业自主设定减排目标，并为达成该目标进行减排。为了达成目标，可以进行减排额和减排证书的交易。在该机制中，有减排总量目标或原单位目标等可让企业自由选择，从而吸引更多的企业参加自主减排。"国内证书交易"是指对大企业提供资金和技术由中小企业进行的减排的认证制度。

②碳足迹制度

为了控制温室气体的排放，日本在消费领域推进"CO_2可视化"，使消费者知晓商品、食品及服务中温室气体的排放量，通过选择低碳化商品、食品及服务从而存进日本低碳社会的建设。具体而言，就是实施"碳足迹（Carbon footprint）制度"和"食物运送里程（food mileage）制度，"测定产品和食品从生产制造、运输、消费，到废弃的一系列过程中排放了多少CO_2，从而为消费者选用低碳产品和低碳食品提供参考依据，在消费领域促进低碳化进程。

为了实现这一目的，日本环境省根据"温室效应气体排放量可视化战略会议"的决策制定相关制度的指南，通过互联网对国民进行相关知识的启发和普及活动，并且选择商品和服务以及部分家庭进行试验。日本经济产业省设立了"碳足迹制度实用化及普及推进研究会"，并在2009年开展了试点，让消费者可以在商店里接触到贴有"碳足迹"标识的商品。经济产业省将广泛听取日本产业界和主要企业的意见，制定有定CO_2排放量的计算与表示方法的规则，同时制定日本的国家标准。日本还将和英国，德国等已经导入该制度的发达国家联手，在贸易领域的世界贸易组织和国际标准化机构推进该制度的国际标准的制定，并且争取日本在确立"碳足迹制度"的国际标准化中有足够的发言权。同时，日本还设立了"日本碳足迹制度国际标准化对应委员会"积极参与国际标准化组织（陨杂韵）的有关碳足迹制度的国际标准化制定的工作。

③碳抵消制度

所谓"碳抵消（Carbon offset）"是通过在"A 场所"的节能与减排活动直接或间接吸收（抵消）在"B 场所"由经济活动和日常生活消费所排放出的 CO_2 等温室效应气体。

日本环境省早在 2008 年 2 月就制定公布了"日本碳抵消指南"，并且在 2009 年开始选择地方城市实施示范项目，进行相关规则和认证体系的建设，制定碳抵消 CO_2 核定方法，主要包括以下几个方面。

——绿色积分制度。建立"绿色积分"制度，根据这个制度，国民购入节能商品和节能服务时赋予积分，国民用这种积分可以交换商品和服务。要督促企业积极参加这项制度。

——企业 CO_2 排放量的可视化。修改企业报表，企业年报等相关制度，把 CO_2 排放量和企业为减少温室效应气体排放采取的对策以及实施情况当作企业必须公开报告的义务对象。

——家庭 CO_2 排放量的可视化。在销售家电等电器商品时必须明确表示该电器商品的 CO_2 排放量，同时还要促进家庭中正在使用的电器（特别是电力消费大的空调，冰箱和照明等）的 CO_2 排放量的可视化，以便用 CO_2 排放量和金额来表示更换购买新的电器时的效果。

——低碳化教育的实施。要在学校、地区（生活小区）、企业和事业单位等所有的场所开展低碳化教育，使得日本国民都能够认识和理解地球气候变暖问题的重要性，养成低碳化行动的习惯。

④特别折旧制度

特别折旧制度又称加速折旧制度，对于不同的环保设备，在其原有折旧的基础上可再增加一定比率的特别折旧率，以调动企业对于环保投资的积极性。

⑤补助金制度

对于企业引进节能环保设备、实施节能技术改造给予总投资额的 1/3～1/2 的补助（一般项目补助上限不超过 5 亿日元，大规模项目补助上限不超过 15 亿日元）。2008 年出台的新能源补助金制度，对 60 项节能和新能源项目给予补助。例如对于企业和家庭引进高效热水器给予固定金额的补助，对于住宅、建筑物引进高效能源系统给予其总投资 1/3 的补助。

⑥"领跑者"制度

"领跑者"制度是日本独创的一种"鞭打慢牛"的促进企业节能的措施。以同类产品中耗能最低的产品作为领跑者，然后以此产品为规范树立参考标准，对于在指定时间内未能达到规定标准的，将公布企业和产品名单，并处以罚款。目前，日本已在汽车、空调、冰箱、热水器等 21 种产品实行了节能产品领跑者制度。该制度已经成为世界上最为成功的节能标准标识制度之一。

（3）建立有效的组织结构

日本在环保方面历来就十分重视完善行政管理体系，早在 1971 年就设立了阁僚级管理环境问题的专门机构——环境厅，在其他 19 个阁僚级省厅中设立了专门处理环境事务的部门，在地方政府也设立了环保行政机构，形成了从中央到地方的完善的环保管理体系。为了有效地促进节能减排，推进低碳社会建设，日本成立了运行有效的三层组织机构。第一层为以首相领导的国家节能环保领导小组，负责宏观战略、法规、政策的制定，如 1998 年成立的以首相为主席的全球变暖减暖对策促进中心。第二层为以经济产业省、环境省等国家机构及地方环保行政机构为主干的领导机关，主要负责起草和制定详细法规，管理环保相关事务。第三层为专业机构，负责组织、管理和推广实施。这些部门分工明确、相互协作、运行有效，真正形成了齐抓共管的局面。

6.3　典型国家（或地区）促进碳减排的技术政策

在全球气候变暖的背景下，促进二氧化碳减排日益成为全世界共同关注的话题。安培浚（2006）、陈宏生（2009）等学者曾对美国、欧盟等的减排技术政策进行过系统介绍，通过技术政策引导低碳技术发展，进而促进二氧化碳减排是发达国家普遍采用的手段之一，其中，欧盟、美国和日本的做法最具典型性。

6.3.1　欧盟

（1）战略能源技术计划引领低碳技术发展

为应对气候变化，保证欧盟减排目标的实现，欧盟委员会早在 2007 年 10 月 1 日就向欧盟理事会和欧洲议会提出制定统一的欧洲战略能源技术计划的设想，得到欧盟理事会和欧洲议会的肯定。在广泛征求相关各方的意见的基础上，于当年 11 月 22 日向欧盟理事会和欧洲议会正式提出了《欧盟战略能源技术计划》，以下简称 SET 计划。该计划提出：欧盟应该进一步降低洁净能源的成本，将欧洲产业界置于快速发展的低碳技术的前沿同时增加对资金和人力资源的投入，提高资源使用效率，以加速低碳能源技术的研究开发与应用。

该计划的主要内容包括以下几个方面：

①明确了未来十年面临的技术挑战

为实现 2020 年目标，欧盟需要攻克的关键技术包括：

——开发出相对于化石燃料更具有竞争力的第二代生物燃料，同时其生产过程符合可持续发展的原则；

——通过工业化应用示范，以及进一步提高系统效率，改进技术，使二氧化碳捕获、运输和储存技术得到商业化应用；

——将风力发电涡轮机的发电能力增加一倍，并首先在近海风力发电中得到示范应用；

——大规模光伏和集中式太阳能发电技术完成商业应用示范；

——建设能够并入大量不同类别可再生能源和分散发电系统的，统一的、职能的欧洲电网系统；

——效率更高的能源转换系统和终端设备，如燃料电池、poly - generation，在建筑物、交通和工业等领域地得到广泛应用；

——保持欧盟在核裂变技术、长期的核废料管理技术领域的竞争力。

为实现 2050 年目标，未来十年欧盟必须攻克的关键技术包括：

——通过技术创新，使下一代可再生能源技术具有市场竞争力；

——在经济可行的能源储存技术方面取得突破；

——改进技术并创造条件，使燃料电池商业化应用于交通工具；

——完成新一代（第四代）核裂变发电反应堆的示范准备；

——完成核聚变设施的建设，保证工业界尽早地参与 ITER 设施示范运行的准备；

——规范化欧洲能源网络和支撑未来低碳经济的其他系统的发展目标和实现战略；

——在提高能源效率技术研究方面，如材料、纳米科学、信息通信技术、生物科学和计算等方面取得突破。

②明确了欧盟各层面主体的责任

欧委会认为：欧共体、成员国、产业界和研究机构各方面主体协调一致，共同努力，发挥不同的作用才能更好地实现2020年目标和2050年目标。欧盟需要建立新的合作模式，以更好地发挥欧洲研究与创新区和欧盟内部市场的潜力。

③欧委会提出了的具体措施

欧委会认为，欧盟近几年采取的措施为欧盟实施战略能源技术计划提供了基础。"欧盟技术平台"的建立使相关各方可以坐到一起，讨论确定统一的研究安排和战略部署；"欧洲研究区网络"已经开始制订成员国之间的共同研究计划；"卓越网络"已经为欧洲不同研究中心围绕一个特定领域共同工作提供了机会。在以上基础上，"SET计划"将集中目标，加大支持力度，协调统一欧盟各层面的行动，加速欧洲低碳关键能源技术的创新。通过"SET计划"，欧委会提出了以下几方面具体措施：一是编制一个新的联合战略计划；二是保证计划的有效实施；三是增加资源投入；四是建立新的，进一步加强的国际合作模式和途径。

为推动能源技术创新，欧委会向欧盟理事会和欧洲议会建议采取以下新的政策措施：

重申能源技术是欧洲能源与气候变化政策的基础，对于实现欧盟减排目标至关重要；

通过一个统一的欧盟能源技术目标，以战略地规划欧盟各层面能源技术研究与创新活动，并保证各方的工作与欧盟能源政策目标一致。支持欧委会在2008年建立专门的管理机构。

强调已启动的能源技术研究与创新活动的有效执行是根本。特别要采取以下措施：

开始启动一系列重要的欧洲产业行动；

同意通过更好地集成欧洲能源研究联盟中相关机构的资源，加强欧洲能源技术研究能力建设。

通过欧委会关于启动规划改进欧洲低碳能源系统和网络的建议；

确认为了加速未来低碳技术的开发和应用，有必要更好地使用并全面增加资金投入，加强人力资源建设；

同意加强国际合作，并执行统一而有区别的与发达国家和新兴发展中国家的国际合作战略。

（2）不断加大政府低碳技术创新投入

英国为促进低碳技术的创新与节能技术的研发，早在 2008 年 4 月就设立了总预算为 12 亿英镑的"环境变革基金"。该基金对"碳托拉斯（指导企业进行二氧化碳减排的政府机构）"的技术开发计划及"生物质能源基础设施及开发计划"等进行资助。而且，为了实现到 2050 年使二氧化碳的排放量削减 60% 的政府目标，英国还投入了 6 亿英镑设立了由政府与产业界联合运作的"能源技术研究"。该研究所的主要研究方向是进行运输部门的低碳技术的研发，并且负责将研发的成果转化为商用。该研究所的另一项任务是，集结在运输部门的低碳技术研究方面世界上最为优秀的科学家和技术人员，形成世界性的研发网络。

2008 年 8 月，英国政府还制定了世界上第一个大幅度削减政府的计算机系统的碳足迹计划。据英国政府的报告，信息通信技术（ICT）每年的碳排放量大约为 46 万吨，这一排放量与航空运输部门的排放量相当，在英国的碳排放总量中所占的比例为 20% 左右。

德国政府在 2008 年对可再生能源技术的研发投资比 2007 年增加了 50%，共资助了 170 个研发项目，资金总额达到 1.5 亿欧元。资助的重点为太阳能发电和风力发电。在风力发电技术领域，德国还建立了一个旨在主导国际风能研究的德国风能研究所。

德国环境部计划在 2009—2030 年间，每年对可再生能源进行 60 ~ 80 亿欧元的投资，以使可再生能源在发电量中所占的份额由现在的 15% 上升到 2030 的 50% 左右，从而使可再生能源所减排的二氧化碳的总量达到现在的 2 倍以上约 177 万吨。早在 2008 年 9 月，德国就建成了世界上第一个二氧化碳储藏型煤炭火力发电站，该发电站的总投资为 7000 万欧元，设备的装机容量为 30MW，发电时产生的二氧化碳被完全分离液化之后，经过加工处理被长期埋藏在地下。

6.3.2 美国

美国的低碳技术创新政策大概可划分为两个阶段。前一阶段是共和党布什政府的能源技术政策，后一阶段是民主党奥巴马政府的低碳技术创新政策。

（1）能源技术政策

2002 年 2 月布什总统宣布建立新的美国气候变化科学办公室，其任务是协调和指导美国在气候变化问题上的国内、国际活动，成立气候变化科技综合委员会（委员会由商务部、能源部等 14 个政府部门、机构的人员组成），其主要职能是向总统提供气象科学和技术的建议；讨论各部门项目的资助；协调应对气候变化的预算；审查气候变化的有关建议等；实施气候变化科学计划（CCSP）及其 CCSP 战略蓝图、气候变化技术计划（CCTP），还将确定国家气候变化技术计划（NCCTI）。

气候变化科学计划（CCSP）由原来支持长期研究项目的全球变化研究计划（GCRP）和支持短期研究项目的气候变化研究计划（CCRI）于 2002 年合并而成。

它旨在丰富关于气候多样性和气候变化方面的知识，并应用这些知识解决实际问题。CCSP 由三部分组成，第一部分为气候变化倡议，主要研究内容是气候变化关键不确定性的专项研究、气候观测与监视及数据管理、决策支持；第二部分是美国全球变化研究计划，主要包括气候变化、水循环、土地利用/土地覆盖变化、碳循环、自然和人为生态系统、人对环境变化的贡献与响应、模拟与观测及信息系统的挑战、新技术在减排温室气体方面的应用等；第三部分是交流、合作与管理，包括有关制度和公众宣传、国际计划与合作、计划管理和评估。

气候变化技术计划（CCTP）于 2001 年开始实施，主要进行应对气候变化的有关技术研究，重点研究对长期减排温室气体有效的清洁能源技术和碳吸收技术。

CCTP 支持有关减少由可再生能源、化石能源及核能排放的温室气体并改进碳吸收效率的研究、开发、规划以及非官方计划。CCTP 战略计划和综合协调的六个战略目标分别是：降低能源消费和基础设施中的排放；降低能源供应中的排放；捕集和储存二氧化碳；减少非二氧化碳温室气体的排放；提高温室气体排放检测与监控的能力；支持对技术开发具有重要意义的基础科学。CCTP 将利用若干核心路径激励各方的参与并确保这一重要领域的进程以便努力达成上述目标，这些路径包括帮助在研活动的协调与优选、为合作和国际协作创造新的机会、提供支持政策建议等。

为加强美国目前的气候变化技术研究与开发，气候变化技术方案向气候变化科学与整合内阁委员会（CCCSTI）提出建议，以与技术挑战本质所需的研发投资结构与水平相一致的方式，加强对气候变化技术研究的重视并提供这方面的扶持。扶持及本研究的依据对于技术开发的应用研究与开发必不可少。本方法包括加强联邦研究机构和学术机构的基础研究，将重点放在形成与气候变化技术研发有关的观念或突破所需的关键领域上。

①生产制造程序的节能技术自主计划

2008年10月，美国能源部决定向钢铁等能源集约型产业提供为期3年的2600万美元，用作能源效率改良工业程序的技术开发费用。该计划希望在大幅度削减温室效应气体的同时，在2015年之前，使美国制造业的能源强度缩小25%。

生产制造程序的节能技术自主计划旨在开发可以削减二氧化碳的排放，并且可以使用与许多产业环节相关的节能技术，提高生产制造工序中的能源效率。该计划的另一目的是通过最佳能源管理实现节能，提高生产力，刺激增长的目标。

②太阳能发电技术领域

美国能源部在2008年10月对新一代太阳能发电技术开发投资1760万美元。被资助方的资金加在一起研发投资金额达到3500万美元。该投资是根据布什总统的"太阳美国自主计划"，到2015年使太阳能在价格上具备与传统电力相竞争的能力，在减少美国的温室效应气体的排放，以及对外国石油的依赖度，实现美国能源的多元化的目标。通过技术革新为美国带来长期的经济利益和环境利益。这些研发项目在降低成本、提高性能、扩大太阳能发电模块的制造能力等方面起到促进作用。在2008年9月，美国能源部对与蓄热式集光型太阳热发电技术有关的先进型热传导流体以及新的蓄热概念的15项研发项目提供了总金额为6760万美元的资助。

③生物质能源技术领域

2008年10月，美国能源部和农业部共同颁发了"美国生物质燃料国家行动计划"。根据该计划，美国设立了由12位政府官员和研究机构的决策者构成的、主导全美生物质研究开发的"生物质研究开发委员会"。该计划包括生物质燃料生产的国家标准、原料的研究开发、生物质燃料变换的科学技术、流通基础设施、乙醇与汽油混合的技术以及使用生物质燃料的安全性技术等 7 个领域。

为了完成该计划，美国能源部投入 10 亿美元以上进行纤维素系生物质燃料技术的研究开发，投入 450 万美元资助美国 6 个大学生从事生物质燃料的研发；美国农业部投入 6 亿美元进行生物质燃料的新技术开发。

④二氧化碳回收储藏技术领域

在 2008 年 7 月，美国能源部资助 3600 万美元来进行 15 项有关二氧化碳回收储藏技术的研究开发项目。这些开发项目主要是关于二氧化碳固定的方面，包括膜分离法、溶酶法、吸着剂、氧燃烧法。

⑤替代燃料汽车技术领域

2009 年 1 月，美国能源部提供 1500 万的资助来进行锂等离子电池的材料研发与制造、热点加热／换气与空调、空气力学大型卡车挂车等三个领域的六项替代燃料汽车技术的研发项目。一系列的研发将提高插电式混合动力电动汽车的电池性能，降低电池的成本，提高电池材料性能，开发新的制造工序。

（2）低碳技术创新政策

奥巴马政府认为，为了有效解决能源安全、经济与环境的三大挑战必须进行低碳技术创新。奥巴马总统表示，美国政府将制定严格的年度标准，督促美国到 2020 年将温室气体排放量降低到 1990 年的水平，到 2050 年进一步减少 80%；每年投资 150 亿美元刺激私营部门为发展清洁能源做出贡献；投资太阳能、风能和新一代生物燃料，开发安全、可靠的核能，开发清洁煤技术。此外，美国政府还将积极参与示范和早期示范项目。

为了实现这些研发和推广，不仅仅是能源部，其他机构——农业部、商业部、国防部、内务部、交通运输与环境保护部、国家科学基金会和国家航空航天局也均制定了自己的能源研发示范方案。此外，能源部增加了科学办公室的会计年度预算支出，科学办公室也参与了综合战略规划，成立了一系列"能源研究中心"，并且将重点集中在取得重大实质性突破后可以在解决重大能源问题上取得显著效果的领域。开展大规模示范和商业化项目之外，还有早期阶段的高风险高回报研发项目。

为了刺激私营部门投资研发，美国政府强烈主张保持并扩大对研发的税收减免，而且还应该对参与在其他国家实施的示范项目的美国企业进行税收减免。

美国政府对回收与储藏项目提供了 24 亿美元的预算，以便在美国实施"碳隔离领袖论坛""地区性碳隔离伙伴计划""碳隔离核心计划"等。其中在"碳隔离核心计划"中，美国将联合欧盟的 CO2SINK 计划共同研发二氧化碳的高效率分离，回收以及运输的相关技术。

6.3.3 日本

在低碳技术创新中，日本有两项优势。一是现有节能技术的优势，二是在政府的强有力的推动下确立了明确的中长期技术创新的战略和具体的技术研发路线图。

（1）现有节能技术优势

自从 20 世纪 70 年代日本经历石油危机之后，日本举国上下推进节能的技术开发和应用，积累了大量的节能经验，使得日本在世界能源效率方面名列前茅。

（2）中长期技术创新战略及技术研发路线图

日本在低碳技术创新中第二大优势是在政府的强有力的推动下确立了明确的中长期技术创新的战略和具体的技术研发路线图。政府和产业界不断地在加大对低碳技术创新的投入，而且，在政府的主导之下形成了十分有效的"产官学（产业界、政府、学术界）"一体化的创新体系和创新成果推广应用的途径。

①环境能源技术创新战略

早在2008年，日本内阁府"综合科学技术会议"就制定了"环境能源技术创新战略"确定了发展低碳经济，应对气候变暖所需的技术创新的基本政策。该战略计划在2030年之前，使日本的能源效率比2007年的水平进一步提高30%。为此，日本制定了"节能先行者计划""节能技术战略指导纲要"和"节能投资与市场评价机制指南"。日本的"新国家能源技术战略"为了有效地推进技术创新，站在长期战略的视角，以俯瞰技术体系的方式，从庞大的技术群中挑选出开发和实用的波及效果最大的要素技术，挑选了"超燃烧系统技术""跨时空能源利用技术""节能型信息生活空间创造技术""先进型交通社会的构建技术"以及"新一代节能元器件技术"等五大领域作为低碳技术创新的主攻目标。日本政府还在税制优惠、政策与资金扶持等方面促进这五大重点技术领域的创新，积极推进跨行业以及横跨研究领域的协同创新，力求发挥相辅相成的节能效果。

为了具体落实上述五大重点技术领域的创新，日本政府制定了"技术战略图"，根据"技术战略图"动员由政府、产业界、学术界构成的国家创新系统调动国家和民间的资源，全方位立体地展开低碳技术的创新攻关。日本的"技术战略图"由导入前景、技术图和技术开发路线图三个部分组成。

——导入前景：明确技术创新的最终目标（国家目标），整理并且明确制度改革、标准化等创新所必需的相关政策，在时间轴上有效推进"产官学（产业界、政府、学术界）"研究开发机构的协同合作以实现国家的创先目标。

——技术图：俯瞰实现创新目标所需的技术体系，从整合性和一贯性的立场推进技术开发，提示各个时期必须实现的重要技术。

——技术开发路线图：一方面，在时间轴上把研究开发中的技术要素、技术功能和技术开发的进展按里程碑方式加以记载，从而明确研究开发中必须实现的技术目标，便于评价研究开发的进展状况。另一方面，可以让"产官学（产业界、政府、学术界）"研究开发机构共同拥有研究开发的设定目标，以便加强协作。

②环境能源技术创新计划（创新技术21）

日本综合科学技术会议早在2008年5月19日就通过"环境能源技术创新计划"，为实现日本提出的在2050年之前全球温室效应气体排放量减半的目标，描画出中长期技术创新路线图。

虽然改良现有技术短期内仍是消减温室效应气体的主要技术手段，但要达到大幅度减排目标，中长期的技术创新必不可少。该计划筛选出包括超导输电、热泵等36项技术，对其2030年对日本和世界的温室效应气体减排效果、国际竞争力、市场规模、技术成熟度进行了评估，并提出了官民任务分担、社会系统改革等保障措施。日本政府将在今后五年内投入300亿美元，用于环境与能源领域的研究开发。

表6-6 日本环境能源技术创新计划

技术领域	创新技术
电力能源领域	高效率天然气火力发电技术 高效率煤炭火力发电技术 CO_2回收与储藏（CCS）技术 革新型太阳能发电技术 先进型核电技术 超电导高效率送电技术

技术领域	创新技术
交通运输领域	高度道路交通系统（ITS） 燃料电池汽车技术 插电式混合动力汽车技术 生物质运输用代替燃料制造技术
产业领域	革新型材料的制造加工技术 革新型炼铁工艺
民用领域	节能型住宅与办公楼 新一代高效率照明技术 安置用（固定型）燃料电池技术 超高效率热泵技术 节能型信息机器及其系统 住宅能源管理系统／办公楼能源管理系统／能源管理系统技术
跨部门的横向技术	高性能电力储藏技术 功率电子技术 氢的制造、运输与储藏技术

注：本表根据刘书英（2012）整理

③低碳技术开发路线图

在"创新技术21"的具体研发方面，日本采取了阶段性推进的战略，通过制定"中短期（2008—2030年）技术战略"和"中长期（2030—2050年）技术战略"。

——中短期（2008—2030年）技术战略

在中短时期，日本一方面要利用现有的可以实现温室效应气体减排效果的技术，进一步提高现有技术的效率，降低成本；另一方面，要积极开发低碳技术，也就是可以大幅度削减温室效应气体的技术。

"创新技术21"的技术开发路线图由4个部分组成。

第一部分是"技术现状"，主要分析世界各国以及日本在该技术领域的技术开发现状和竞争能力；

第二部分是"技术开发路线图"，详细地列出该项技术今后的具体开发目标和技术指标以及实现该目标的具体时期；

第三部分是"技术效果"，主要列出应用该项技术可以实现怎样的减排效果；

第四部分是"技术开发及普及"，主要列出开发与应用的组织体系，以及市场化的具体方法等。

——中长期（2030—2050年）技术战略

在2030—2050年的中长期战略上，最终要开发出能够实现温室效应气体零排放的低碳技术。日本将通过中长期创新战略，开发出完全不依存于化石资源的大规模能源系统。目前，日本已经开始对可实现温室效应气体零排放的低碳技术进行大规模的基础研究，争取在2030年前后实现商用化。对该方面的研究包括第三代太阳能电池、氢制造与运输储藏、氢还原制造钢铁等。

④竞争型研究资金

日本政府为了切实地按照"创新技术21"的开发路线图动员日本产业界和学术界积极地投入到低碳技术的创新中来，专门制定了"竞争型研究资金"的制度，对产业界和学术界的研发活动以及研发成果的市场化后提供资金支援。同时，日本环境省为了促进研发成果的商用化，对那些"经济基础研究，应用技术开发等阶段，准备进入市场实现商用化的技术"项目提供资金援助。早在2009年，日本环境省就实施了"环境技术创新创出支援事业"，通过向日本社会的公开招募，征集"在3年之内实现可实现商用化的技术，符合市场需求可商用化的技术，有助于节能减排，并且可强化日本的国际竞争力的技术"，为应召的和各项目提供丰厚的资金支持。

6.4　经验启示

通过以上对国外发达国家促进碳减排政策的分析，可以得出以下几点启示。

6.4.1　制定低碳发展长期规划

从国外发展低碳经济的政策与实践可以看出，无论是发达国家还是发展中国家，都已经将温室气体减排计划提升到国家战略的高度，并由此展开了一系列低碳经济政策的制定和实施，一方面通过法律支持及财政补贴等形式积极鼓励低碳新能源的大力发展，另一方面通过碳税或生态税等形式对高碳能源的消耗进行约束，同时出台相关措施促进能源效率的提高。作为发展中国家，我国在未来较长时间内，经济可持续发展的内在要求使得能源消耗导致的二氧化碳排放的增长不可避免。因此，温室气体减排计划与措施必须首先考虑我国的国情，走具有中国特色的煤炭资源型低碳经济转型之路，而不能一味地照搬发达国家的经验。

6.4.2　健全的法律和政策体系

建立健全应对气候变化法律法规和政策体系，加强应对气候变化制度保障能力。研究制定"应对气候变化法"，并在能源、节能、农业、林业、水资源等相关法律法规和政策中，增加减缓和适应气候变化的内容。研究适时征收碳税或采用其他财政、税收、市场手段和措施，逐步完善减缓和适应气候变化的政策体系和激励机制。在当前节能减排统计、监测、考核等的管理机制和体系的基础上，逐步形成未来限控 CO_2

等温室气体排放的统计、监测、考核等的管理机制和体系。

6.4.3 加强国际间的技术合作

中国所处经济发展的特定阶段决定了如果不能够进行有效的技术升级，尽快运用低碳技术，将会造成很大一部分的基础设施和工业设备的"锁定效应"，直接带来 CO_2 排放的大量增加，这不仅会给中国带来不利的影响，也会对全球气候产生负面影响。因此，尽管目前全球处在后金融危机的笼罩下，但从长远看，也正是投资新的领域，开展大规模高效率的国际技术转让与合作的大好时机。这种机遇的把握需要发达国家和发展中国家政府的共同努力。

6.4.4 加强低碳管理机制建设

国际上发达国家的经验和实践表明，强化低碳管理，能最有效地完善发展低碳经济，因此，应当强化低碳管理，尽快完善低碳管理体系。低碳经济发展规划制定后，要有行动方案和执行机制，充分发挥政府在低碳经济的主导作用。政府应该制定相应的激励政策来调动企业和居民发展低碳经济的积极性。政府积极鼓励企业和消费者参与，运用规划建设、财政投资、宣传激励等政策，充分发挥政府的引导及示范作用，利用重点工程推动低碳城市、低碳社区建设。

第7章

促进中国二氧化碳减排的对策建议

从二氧化碳减排政策设计思路上，根本上讲主要有两个方向：一是实现"更有效率的消费"，即在不影响人类福利的前提下，通过提高能源使用效率来减少潜在能源消耗，从而降低二氧化碳排放；二是"减少消费"，即以实现环境目标为根本，通过转变消费模式，最大限度减少化石能源消费，从而降低二氧化碳排放（Jacson，2014）（见图7-1）。从政策路径上，"更有效率的消费"就是要提高消费的环境效率实现减排（例如通过改进汽车发动机的燃油效率，在不影响正常消费的情况下实现了减排），而"减少消费"则既可以通过绿色替代实现减排（例如从高碳能源转向低碳和清洁能源），也可以通过转变消费模式，贯彻绿色消费理念，减少人类对地球资源的消耗，从而实现减排（Vivanco. et al. 2016）。从本质上看，这三种路径对应的就是能源利用类技术进步、能源生产类技术进步和社会消费模式转变。由于消费模式的绿色转变从根本上是通过"绿色"需求拉动清洁技术进步实现二氧化碳减排。因此，概括地说，促进二氧化碳减排技术进步是未来解决中国二氧化碳排放的根本出路。

从政策重点看，本书在研究中发现，技术进步引致的能源回弹效应会抵消能源生产类技术进步和能源利用类技术进步的二氧化碳减排效果，因此，政策设计首先关注的是如何抑制二氧化碳减排技术进步过程中能源回弹效应的影响。同时，从对中国已有二氧化碳减排政策的回顾可以发现，尽管人们已经认识到技术进步对二氧化碳减排的重要促进作用，但已有政策手段较为单一，更多关注的是技术该向何处去，而未解决技术从何处来的问题。因此，政策设计还要结合已有研究发现，着重解决如何引导两类减排技术成长的问题。

从政策内容上看，由于二氧化碳减排过程涉及多个主体和多个要素，影响关系纷繁复杂，只有通过政策组合才能有效加以规制（杨莉莉，邵帅，2015）。因此，本书在进行政策设计时，从技术供给和需求双侧，按照政策组合的方式进行设计。其中，技术的供给侧主要是从优化技术成长环境角度切入，研究如何通过社会技术范式和技术愿景的转变带动两类减排技术成长，而技术需求侧则侧重于从市场角度出发，研究如何通过消费模式转变、政策倒逼和市场激励，引导两类减排技术进步。

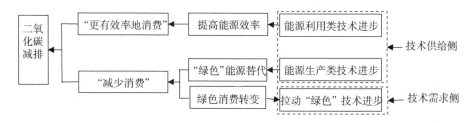

图7-1 中国二氧化碳减排政策设计逻辑

7.1 推动社会技术范式和技术愿景转变，
优化减排技术成长环境

从古典增长理论中的技术外生假设，到 Arrow（1962）的"干中学"，再到 Romer（1990）的技术内生理论，关于"技术从哪来"，学术界开展了漫长的探索。根据 Romer（1990）的内生增长理论，R&D 是技术进步的主要来源。与此同时，也有越来越多的学者认识到，技术进步不仅受到经济系统的影响，与社会系统的变迁也有密切关联（赖先进，2014）。在技术演进过程中，内外部环境因素成为决定技术演进方向的重要力量，基于系统视角的技术创新研究成为必然（周亚庆，张方华，2001）。然而，从已有研究看，关注技术系统构成、技术系统生态的多；而对系统与外部环境、社会环境关系的研究较少（孙冰等，2016）。从本书的研究需求看，重点是要研究如何促进能源生产类技术和能源利用类技术进步，这就决定了本书既应关注技术成长的微观基础，也需要考察影响技术进步的宏观因素，而 MLP（Muti - Level - Perspective）模型则为此提供了良好的研究视角。

MLP 模型是 Geels 等（2002）通过考察欧洲蒸汽机轮船技术的发展演化而提出来的一个多层次技术演化分析模型（如图 7 - 2 所示），在该模型中，有三个核心概念，分别是生态位、社会技术范式和社会技术愿景。生态位是一个生物学名词，是由小规模创新网络组成的一个保护空间，包括技术生态位和市场生态位。其中，技术生态位指的是技术研发的场所，如 R&D 实验室或者孵化器，是为新技术"出生"和初期顺利成长而构建的一个受保护的空间；而市场生态位指的是新技术产生后进入的初始市场，在这里，新技术可以远离主流的技术、市场及体制压力而得以顺利发展。社会技术范式指的是由已经建立起来的技术、产品、知识、惯例、标准、规制等构成的一个连贯的高度稳定的结构，由于激进式创新偏离了现有范式的要求，因此，新技术的成长会受到已有社会技术范式的强大阻力，而只有那些与现有社会技术范式相吻合的渐进式创新才能得以发展。社会技术愿景代表的是宏观的大环境，是构成一个社会深层结构的政策、经济、文化和制度的统一体，是激进式创新和社会技术范式的外部环境。社会技术愿景的演化通常是缓慢的，然而一旦大环境出现变化，就会对现有的社会技术范式形成巨大压力，从而弱化和动摇社会技术范式的稳定性，形成有利于激进式创新发展的氛围。

与已有技术演化模型相比，MLP模型很好地将微观技术进步、中观技术制度及宏观社会环境纳入统一的分析框架，为研究技术演化的"微观基础"和"宏观环境"搭建了桥梁，也更能够满足本书的研究需求。

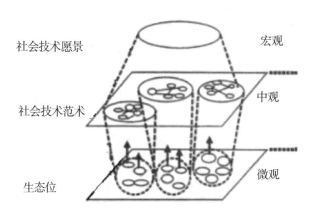

图7-2　MLP模型示意图

根据上述理论模型，结合 Weiss 等（2012）的划分依据，本书将二氧化碳减排技术进步历程划分为四个阶段（见图 7 - 3），分别是研发阶段、渗透阶段、扩张阶段和成熟阶段。其中，研发阶段对应于 MLP 模型中的技术生态位，渗透阶段对应模型中的市场生态位，扩张阶段则是技术成长、社会技术范式转换的阶段，而成熟阶段则是减排技术规划范、标准化及新一轮技术进化的开启阶段。由于二氧化碳减排技术的不同阶段与既有社会技术范式、社会技术愿景等关系不同，因此，政策着力点也有差异。

7.1.1　研发阶段：强化对减排技术创新的研发补贴

在研发阶段，包括能源生产类技术和能源利用类技术在内的减排新技术尚缺乏成熟的主导设计体系，存在极高的技术风险。由于这些新的技术与既有社会技术范式和社会技术愿景之间可能存在冲突，市场上的主流消费者会因惯例、路径依赖及偏好等因素影响，拒绝接受新技术，研发主体很难从主流市场渠道获取足够的研发经费。因此，在研发阶段，政府政策的着力点应该是为企业研发提供经费支持，采取措施降低技术研发风险；在具体实现手段上可以通过设立专项研发经费和提供直接补贴，降低研发主体的研发成本，比如在干热岩、可燃冰等国际热点前沿领域，要充分发挥举国体制优势，突出国家在基础技术研发领域的重要性；在重大能源装备技术革新领域，强化国家财政补贴，降低企业风险等。可以充分利用政府在二氧化碳减排技术领域的信息优势，定期编制技术发展规划，引导研发主体有计划地开展研发活动；政府还可以依托高校和科研院所，有目的地加大相关技术领域人才培养力度，为研发主体提供更多高素质人才，提高研发效率，降低研发风险。

7.1.2　渗透阶段：加大政策倒逼与示范项目建设力度

在渗透阶段，减排新技术凭借缝隙市场用户提供的市场空间，避免了被主流社会技术范式挤出，随着缝隙市场与技术之间相互学习程度的加深，减排新技术会不断改进，进而优化缝隙市场用户体验，并随着技术逐步完善和缝隙市场用户对新技术认知水平的提高，获得越来越多用户的认可。而更多用户的认可就必然会对主流社会技术范式和社会技术愿景产生影响，从而为减排新技术扩张奠定良好的社会基础。鉴于减排技术具有准公共产品性质，自觉的缝隙市场很难形成。因此，在渗透阶段，政府政策的着力点应该是努力为新技术提供缝隙市场，扩大新技术的应用范围。从具体实现手段上，一方面，政府应有目的地支持建设一批示范性项目，扩大缝隙市场规模，提高技术的市场认可度，比如可以在政府工程、政府购买等方面强化对新能源和节能新技术的使用等；另一方面，政府应利用行政强制力，适度强化减排规制力度，倒逼企业主动尝试新的减排技术，形成缝隙市场，特别是在国有化程度较高的发电领域、交通运输领域等。

7.1.3　扩张阶段：完善与新技术适应的技术基础设施建设

经历渗透阶段技术与市场的深度学习，减排新技术开始逐步成熟，但此时由于与新技术匹配的社会技术基础设施尚未完善，再加上技术应用范围还比较有限，难以实现规模效应，与传统技术相比，还存在成本高、社会认知度不足等问题。此时政策的着力点应该是引导和推动新技术快速扩张，并通过新技术的大量使用，促使社会技术范式产生改变，在局部形成较为完整的技术基础设施。在具体实现手段上，政府可借助行政强制力，在一定范围内实施保护价方式（比如风电优惠上网电价），持续扩大新技术市场规模；通过财税政策，为使用新技术的企业提供补贴和税收减免，激励更多企业应用新技术；扩大宣传力度，增强社会对新技术的认知，为新技术成长提供良好的社会氛围。

7.1.4　成熟阶段：推动技术标准化、规范化和国际化

随着新技术的不断改进和社会认知水平的提高，旧的社会技术范式会经历解构、重构，在原有社会技术范式体系之上形成与新技术相适应的新的社会技术范式，完成新旧社会技术范式更替。此时，政策的着力点应该是加速这一进程，尽快推动形成新的主导技术通道，发挥技术的减排效益。从实现手段上，政府应通过修订技术标准、主动对接国际规则，使得能源生产类技术和能源利用类技术能够在高标准、规范化的社会技术范式下快速成熟。同时，为了给新的更高水平的减排技术进化提供资金准备，政府可以建立基金，支持新技术的诞生。

此外，考虑到社会技术愿景对新技术的引导和对既有社会技术范式压力作用，还应努力扩大宣传，强化社会对新技术的认知，提高新技术的社会接纳动力，为新技术的广泛使用营造良好的社会氛围。

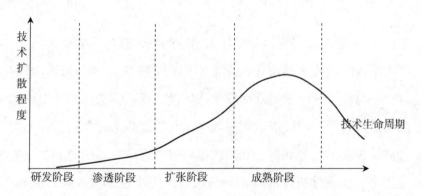

图 7-3　政策作用下的减排技术成长扩散机制

7.2 发挥经济与技术政策组合效应，抑制能源回弹影响

能源回弹效应的存在掩盖了技术进步的减排效果，也延缓了能源生产类技术进步的减排进程，采取措施抑制能源回弹效应的减排影响是提高中国二氧化碳减排效率的重要方面。Greening 等（2000）将能源回弹效应分为直接能源回弹效应和间接能源回弹效应。其中，直接能源回弹效应指的是能源效率提高导致能源产品或服务价格下降，间接增加了消费者收入（收入效应），消费者会增加对能源产品或服务的需求；或者当某个能源产品的效率提高时，消费者会选择减少其他替代产品的消费，转而增加对该能源产品的需求（替代效应）（见图 7 - 4）。间接能源回弹效应指的是能源效率提高使得能源产品或服务价格间接降低，消费者相对收入增加，带来对其他产品或服务需求的增加，而这些产品或服务业会消耗能源，并最终扩大了能源消费规模。基于直接能源回弹效应和间接能源回弹效应的理论机理，学者们在如何抑制能源回弹效应方面开展了大量研究。一类观点主张通过提高化石能源价格或征收碳税等方式进行调控。持这一观点的学者们认为，应该通过征收碳税和价格干预手段增加消费者化石能源使用成本，从而引导消费者增加其他要素的使用，减少化石能源消耗（Birol，Keppler，2007；Sorrell，Dimitropoulos，2008；Vivanco，2016；邵帅等，2013）。另一类观点认为，解决能源回弹效应的根本途径是发展可再生能源。该观点认为，减少能源消费与经济发展之间是矛盾的，同时，不恰当的要素替代对能源安全本身也会构成威胁，而发展可再生能源可以实现降低回弹效应和保障经济发展

之间的协调（Weizsacker，2009；Ouyang，2010；王雅楠，赵涛，2016）。

综合比较两类观点，各有利弊。从提高化石能源使用成本角度看，目前可用的手段一般是通过化石能源价格干预和征税等方式实现，但从中国实践看，这一方式存在两个明显的问题：一是刚性能源需求下，能源价格上升可能损害经济发展。煤炭等化石能源是中国的主体能源，尽管近年来中国采取了很多措施，推进风电、太阳能发电、水电等发展，但可再生能源在终端能源消费中的占比依然仅有13.3%，煤炭占比依然高达62%。在此背景下，提高化石能源使用成本不仅不能抑制刚性的能源需求，反而会因为能源成本上升而对中国的消费、出口等造成冲击，进而影响经济发展。以山西省为例，为了降低煤炭开采对环境的损害，山西省曾于2007年出台办法，决定对煤炭企业征收环境恢复保证金、可持续发展基金及转产发展基金。但从结果看，这些基金征收并未减少山西煤炭的销售，产量反而从2007年的5.4亿吨，上升到各项基金取消时的9.7亿吨（注：2014年停止征收），唯一的影响可能就是通过增加煤炭使用成本而推高发电成本。二是不恰当的税收政策体系可能抵消甚至造成更大的能源回弹效应。征收环境税等方式会起到一定的抑制消费作用，但如果政府同时采取降低消费税等其他刺激消费政策，那么征收碳税等方式的减排效果将会被抵消（Murray，2009）。

从可再生能源发展替代看，由于能源能产技术制约，现阶段中国清洁能源不论是产量，还是价格都还无法与传统能源相比，还不具备从根本上替代化石能源的能力，因此，短期内也无法通过可再生能源替代显著降低化石能源使用。

图7-4　直接能源回弹效应发生机制

基于以上分析，结合本书研究发现，应采取以下三个方面的组合措施抑制能源回弹效应对二氧化碳减排带来的影响：

7.2.1　在重点领域率先实施碳排放权交易制度

碳排放权交易是以科斯的产权理论为依据，按照一定的规则给不同的市场主体一定的排放配额，由于政府实施二氧化碳排放总量控制，因此，超过排放配额的企业就需要通过市场机制，按照一定的价格向有富余排放配额的企业购买排放权。在这一机制下，企业为了避免购买配额增加成本，甚至通过出售配额获取利润，就有动力减少自身二氧化碳排放量，从而实现对二氧化碳排放总量控制。碳排放权交易是一种基于市场的总量控制手段，与部分学者主张的碳税政策相比，虽然初期建设成本高、交易过程监管成本高（倪娟，2016），但由于它能够实现总量控制，且是市场主导下的企业自主行为，政府面临的政治压力和风险较小，因而已在全球多个国家得到推广。从中国实际情况看，在2011年启动北京、上海、天津、重庆、湖北、广东和深圳等省市试点的基础上，于2017年12月正式开始在各项条件相对较为完善的电力行业实施碳排放权交易，纳入交易的企业总计达1700多家，年排放量约为30亿吨，占中国2017年排放量的近三成。但根据本书研究发现，除电力以外，煤炭、钢铁等产业也是主要的二氧化碳排放来源，2015年，两个产业排放的二氧化碳总量约为23亿吨，占比超过当年全国排放量的

20%。同时，由于煤炭、钢铁等产业还是产能过剩行业和技术减排效率较低的行业，将煤炭、钢铁等高排放产业纳入碳排放权交易范围对推进中国供给侧结构性改革和早日实现二氧化碳达峰排放都具有重要的现实意义。因此，政府应在前期试点经验的基础上，加快煤炭、钢铁等领域排放数据统计、监管体系等的建设，争取早日将其纳入碳排放权交易范围。事实上，能源行业和钢铁等行业也是欧洲最早纳入碳排放权交易的行业。

7.2.2　加大可再生能源研发补贴，努力提高技术创新效率

从抑制能源回弹效应对二氧化碳排放角度看，提高终端能源消费中可再生能源比重，并最终实现对传统化石能源替代是治本之策。而根据本书第五章研究发现，总体上看，中国能源生产类技术存在规模效率不足的问题，说明投入不足仍然是制约中国能源生产类技术进步的根本原因。由于可再生能源生产技术创新具有准公共产品性质（周建华等，2011），企业开展可再生能源技术创新面临巨大的风险。因此，通过政府补贴开展相关技术研发工作就成为必然选择。但在补贴方向和补贴方式上要有所差异。从补贴方向上看，根据倪维斗院士（2017）的测算，水电、核电、风电及太阳能发电等受资源本身的限制，未来都无法承担起中国主体能源的地位。因此，应以新兴清洁和可再生能源领域作为重点补贴方向。事实上，中国也正是由于长期的政府扶持才在可燃冰、干热岩、核聚变等新兴能源技术领域取得重大突破。从补贴方式上，由于企业存在"套利"动机，如果补贴方式不科学，可能会弱化企业研发动机（安同良等，2009），甚至对企业的研发产生"挤出效应"（周海涛，张振刚，2015）。从中国现状看，政府对企业的研发补贴以项目资助方式为主（马晓鹏，温明月，2015），属于典型的事前补贴方式，在

中国逐年加大研发投入的背景下，可能诱发企业寻租和逆向选择行为。本书认为，对可再生能源生产技术研发还应在坚持国家体制的基础上，充分利用政府补贴等方式，调动企业的积极性，补贴应逐步从以事前补贴为主，转向以事中事后补贴为主，通过提供研发配套和创新奖励、政府优先购买等方式激励企业开展创新。此外，政府还应在专业人才培养、优化研发环境、培育技术联盟、搭建公共研发平台等方面主动作为，为能源生产类技术创新奠定坚实基础。

7.2.3 强化政府对可再生能源补助力度，扩大可再生能源利用规模

可再生能源由于技术不很成熟，与传统化石能源相比，处于显性（价格）和隐性（转换成本）成本劣势，如果单凭市场机制，很难得到广泛应用。根据本书第四章的研究发现，清洁能源的二氧化碳减排效应可能存在"阈值效应"，即只有当能源生产类技术进步累积到一定程度，使得能源结构优化到一定程度时，其二氧化碳减排效果才会得到显著发挥。因此，政府应采取措施，持续推动可再生能源生产技术持续进步，尽快提高可再生能源在终端能源消费结构中的比重，推动能源结构显著优化。从具体实现手段上，政府除了给予可再生能源企业税收减免等优惠以外，还可以通过政府购买（如政府公车采购中，要求纯电动车比例不得低于30%）、优惠电价（如目前中国采取的风电优惠上网电价政策就是政府借助行政力量给予可再生能源的价格补贴）及电网企业、终端用户激励等方式，扩大各方对可再生能源的认知度，尽快提高终端能源消费中可再生能源比重。

7.3　加快社会消费理念和消费模式
转变，拉动减排技术进步

　　市场经济体系下，消费是引领生产的重要力量，有什么样的消费需求就会有什么样的生产供给，社会的消费偏好会直接影响经济的生产模式。从二氧化碳排放看，过度的、高碳的消费偏好会对企业形成逆向激励，从而进一步加剧减排的难度。早在 19 世纪，经济学家 Jevons（1906）通过研究就发现，技术进步使得煤的使用效率提高了，但煤的消耗总量却反而更多，人们的需求无法因此得到满足。他认为如果我们不反思自己的生活消费模式，资源难题可能永远也无法解决。这就是著名的"杰文斯悖论"。Adua（2010）的研究也进一步印证了"杰文斯悖论"，认为改变生活方式是解决能源消费问题的根本，过度依赖技术创新可能并不能减少能源消耗。赵定涛等（2012）基于严密的定量分析发现，相比于技术进步的减排效果，消费模式变迁对污染排放有着更大的影响。从理论机理上看，"杰文斯悖论"的本质还是能源回弹效应的结果，是由于能源效率改进引致的能源消费增长。孙涵（2016）研究发现，社会生活领域也存在能源回弹效应，不仅如此，居民生活还会通过消费传导，带动社会能源消耗增加，进而推动二氧化碳排放增长（王妍，石敏俊，2006）。因此，转变消费模式成为技术和经济手段以外的又一个抑制能源回弹效应的重要手段。Polimeni（2006）的研究就认为，转变消费模式可以通过促使生产方式改变而抑制能源回弹效应。

　　根据本书研究发现，能源回弹效应不仅延缓了中国总体的减排进程，同时对能源生产类技术进步的减排效果发挥还有制约作用，通过引导社会转变消费模式无疑对促进中国二氧化碳减排进程具有促进作用。

改革开放以来，中国经济先后经历了出口驱动、投资驱动，目前正转向消费驱动阶段，消费在促进经济发展中的作用越来越重要。从促进经济发展和保障经济安全角度考虑，刺激消费，实现消费驱动型经济是国际上普遍的做法，但从控制温室气体减排角度看，也许这并不是一个好的选择，特别是在中国经济发展模式还比较粗放的背景下，高涨的消费无疑会进一步加剧碳减排的难度。那么我们是否就因噎废食，放弃刺激消费，以牺牲经济发展和社会福利实现减排呢？答案显然是否定的。我们要做的是通过社会消费模式转变，促进社会生产方式转变，进而解决能源回弹效应带来的影响。

结合中国国情实践，提出以下三条建议：

7.3.1　加大环境教育力度，普及绿色理念

树立绿色低碳消费理念是转变消费模式的基础。通过普遍性的环境教育有利于帮助公民养成亲环境行为和提升环境行动能力，对缓解环境问题和推进生态文明建设有重要意义。西方国家在环境教育方面起步较早，并已形成较为完善的环境教育体系，而中国的环境教育起步较晚，目前还存在活动开展少、手段单一，且没有形成有效的环境教育评价体系的阶段，制约了中国环境教育的开展。因此，国家应充分利用各种媒体和多种途径，进一步丰富宣传教育途径，普及绿色发展理念。特别是要通过学校正规教育体系，让环境教育进学校、进教材、进课堂，建立评价体系，保障教育效果，全方位提高全社会的绿色理念。

7.3.2　强化环境信息披露，倒逼企业转型

二氧化碳排放是具有显著外部性的环境行为，政府加强监管是消除

外部性的重要途径。但由于政府监测手段滞后等影响，企业与政府、公众之间存在信息不对称，通过建立强制的环境信息披露制度有助于消除这种信息不对称，使政府和公众更好地了解企业的真实信息，反过来倒逼企业主动减少排放（毕茜等，2012）。早在2003年，中国就陆续出台了一系列环境规范，对企业环境信息披露进行了规定，然而由于缺乏明确系统的披露规范，且多部门出台的政策之间缺乏系统性，这些规定并未对企业形成实质性压力。2008年，环保部和上交所出台了更为详细的企业环境信息披露规则，要求上市企业只要发生与环境保护有关且可能影响股票交易的环境事项时，必须在2天内予以公布。但该规则主要针对的是环境损害事件，二氧化碳排放并未在该规则中予以明确。为了进一步增强企业主动减排动力，加快中国二氧化碳减排进程，建议在目前的企业环境信息披露中加入企业低碳行动相关内容，通过公众压力，倒逼企业主动减少二氧化碳排放。

7.3.3　构建低碳产业体系，营造低碳氛围

绿色消费模式的形成还需要有低碳的产业体系与之配套，缺乏有效供给的绿色消费模式难以真正发挥二氧化碳减排效果。当前，中国的产业体系总体上还存在"高耗能、高污染、高排放"特征，难以契合日益增长的绿色消费需求。比如汽车消费领域，尽管公众逐步开始接受了电动汽车等较为清洁的交通工具，但由于电动汽车本身的技术限制及充电基础设施缺乏等影响，电动汽车并未得到大量推广。因此，实现减排应以供给侧结构性改革为契机，加快中国低碳产业体系建设速度，尽快形成与绿色消费模式相适应的低碳供给体系。

7.4　小结

二氧化碳排放具有显著的环境负外部性，强化政府政策规制是实现减排的重要途径。本章基于第 3—5 章的研究发现，在对中国二氧化碳减排政策回顾的基础上，研究提出了未来的减排政策建议，主要结论如下：

（1）中国已形成针对性较强的二氧化碳减排政策体系。本章以 2008—2017 年《中国应对气候变化的政策与行动年度报告》为数据来源，系统分析了中国当前的二氧化碳减排政策构成和传导机制。结果发现，从政策构成上看，中国目前的二氧化碳减排政策主要是针对能源活动、工业生产和森林碳汇三个方面，能够比较好地契合中国二氧化碳排放的主要来源，初步形成了较为完善的二氧化碳减排政策体系；从政策的传导机制看，由于市场机制不健全，中国二氧化碳减排政策主要以直接控制为主、市场机制、劝说和道德说教为辅，即主要借助政府政策的强制力，倒逼企业开展技术创新，从而实现二氧化碳减排。

（2）当前减排政策存在手段单一和忽略技术成长培育等问题。本章通过分析发现，中国当前的二氧化碳减排政策存在两个主要问题：一是政策手段单一，虽然从规制手段上看，有直接控制、市场机制、劝说手段和道德说教等四种类型，但由于中国碳减排市场机制不健全，目前的二氧化碳减排政策主要以直接控制手段为主。因政府能力、效率及信息不对称等制约，基于直接控制的二氧化碳减排政策难以保证减排效果；二是忽略了技术成长的规律。本章分析发现，目前的减排政策都是以诱导或倒逼企业开展减排技术创新为主的，关注的是"技术向何处去"的问题，但由于技术演化有其自身的规律，单纯地倒逼并不一定能够促进技术进步，还需要在技术成长环境等方面采取措施。

（3）未来政策应以优化减排技术成长环境，抑制能源回弹效应影响为主。基于对现有减排政策问题的分析和本书研究发现，研究提出了三个方面的减排政策建议。一是针对技术成长的不同阶段，采取差异化的政策措施，促进社会技术范式和社会技术愿景转变；二是综合采用基于市场的、经济的和技术的政策组合，加快减排技术进步，特别是能源生产类技术进步，抑制能源回弹效应带来的影响；三是通过环境教育、环境信息披露及低碳产业体系构建等方式，提高国民环境能力，加大企业舆论压力，优化低碳产品供给，引导形成低碳绿色的消费模式，降低能源回弹效应的影响。

第 8 章

研究总结

由人类活动导致的二氧化碳排放是加剧全球气候变暖的重要原因之一，减少而二氧化碳排放是维护人类生存和发展的重要基础。目前，中国已成为全球最大的二氧化碳排放国，加快推进中国二氧化碳减排进程是缓解中国资源环境约束，体现负责任大国形象的重要举措。尽管面临经济发展、城市化进程等重大挑战，中国依然积极推动自身的二氧化碳减排进程，并已主动向全世界承诺，将于 2030 年实现二氧化碳排放强度在 2005 年的基础上下降 60% ~ 65%，争取于 2030 年达到排放峰值并争取早日达峰。为此，近年来，中国不断加大二氧化碳减排力度，采取了许多措施，二氧化碳减排工作取得显著进展。

已有研究证实，技术进步是二氧化碳减排的关键，因此，加大二氧化碳减排技术进步成为加快中国减排进程的重要抓手。本书通过理论研究和对中国二氧化碳减排实践的考察发现，以提高能源使用效率、减少潜在能源消耗为目标的能源利用类技术和以优化能源结构、提升终端能源消费中清洁能源比重为目标的能源生产类技术是中国二氧化碳减排的重要技术基础，然而，根据理论研究结论，能源生产类技术和能源利用类技术作为异质性的技术要素，在减排实践中可能会因彼此之间的稀缺程度不同而出现偏向，进而给技术减排效果估计和未来的减排政策制定带来困扰。基于此，本书从二氧化碳减排技术偏向切入，以服务中国2030 年二氧化碳达峰排放为目标开展了研究。在研究过程中，本书对中国二氧化碳减排过程中技术偏向的发生机理及偏向特征进行了分析，并借助动态情景分析方法，对存在技术偏向背景下中国二氧化碳排放趋势进行了预测。在此基础上，借助窗口 DEA 技术，对能源生产类技术和能源利用类技术的减排效率进行了评价，并在全面回顾总结中国已有二氧化碳减排政策的基础上，结合本书研究发现，从技术、经济等多个层面提出了未来中国二氧化碳的减排对策。通过研究，形成如下几个结论：

（1）当前中国二氧化碳排放仍呈快速增长态势。本书基于公开数据比较发现，从总体趋势上，中国二氧化碳排放仍呈快速增长态势，特别是 2001 年来，增长速度明显加快，排放总量快速攀升。本书认为，这主要与中国当前所处的发展阶段有关。在经济发展、人口增长和城市化进程快速推进的背景下，刚性能源需求是推动中国二氧化碳排放快速增长。考虑到中国区域发展不平衡的现状，本书利用 IPCC 推荐的方法对中国不同区域的二氧化碳排放进行了测算，结果发现，从四大区域看，东部和西部二氧化碳排放增长较快，而中部和东北则相对缓慢，其中，以山西、内蒙古、陕西、新疆等煤炭为主导产业地区的二氧化碳排放增长尤为迅速；从排放来源看，能源活动是中国主要的二氧化碳排放源，其次是以水泥、纯碱、钢铁等为主的工业生产过程，森林碳汇是当前中国主要的二氧化碳处理方式，资源化利用比例还相对较小。本书认为，区域层面二氧化碳排放的变化趋势与地区发展阶段及经济增长方式等密切相关，比如东部地区增长快的原因经济总量增长的结果，而西部地区则与粗放的经济增长方式有关。

（2）中国二氧化碳减排过程中存在技术偏向，且是偏向能源利用类技术的。本书研究发现，在众多影响二氧化碳排放的因素中，能源生产类技术和能源利用类技术进步有效地抑制了二氧化碳排放。由于能源生产类技术和能源利用类技术的稀缺性程度不同，本书通过计量模型测度发现，中国二氧化碳减排中是存在技术偏向的，且是偏向于能源生产类技术的。但通过理论分析发现，在当前中国以碳强度考核为主的减排政策倒逼下，能源利用类技术进步可能导致能源回弹效应，正是由于能源回弹效应的存在才抵消和干扰了计量结果。另外，通过静态情景模拟也证实，能源利用类技术进步的潜在减排量要显著高于能源生产类技术。因此，本书认为是因为能源回弹效应的影响，掩盖了能源利用类技术进步的减排效果，从本质上看，能源利用类技术才是当前促进中国二氧化碳减排的主因。

（3）既有技术路线下无法实现 2030 年达峰排放的目标，只有加快能源生产类技术和能源利用类技术进步才有可能如期实现减排目标。技术偏向是经济系统演化过程中一种正常的经济现象，在存在技术偏向的背景下，中国能否如期实现 2030 年减排目标，如何兑现 2030 年达峰排放承诺是当前最为紧迫的问题。本书利用 Kaya 恒等式，将二氧化碳排放影响因素分解为人口增长、经济发展、能源生产类技术进步和能源利用类技术进步四个变量，并基于不同的减排技术偏向假设，设置了基准情景、能源生产类技术进步情景和能源利用类技术进步情景，用于模拟既有技术路线和强化能源生产类技术、强化能源利用类技术进步情景下中国二氧化碳排放演变趋势。模拟结果显示，在既有技术路线下，即在当前减排技术基础上，如不采取任何新的额外措施，则 2030 年前二氧化碳仍将维持增长趋势，无法实现达峰；但在强化能源生产类技术和强化能源利用类技术进步情景下都可以实现 2030 年达峰排放，且强化能源生产类技术进步可以早于强化能源利用类技术进步实现达峰。本书认为，造成二者达峰异步性的原因主要与能源回弹效应有关。此外，研究还发现，能源生产类技术进步减排效果发挥存在阈值效应，即只有当能源生产类技术进步累积到一定程度时才能最大限度发挥其二氧化碳减排效果，本书认为，这主要与能源转型的技术基础设施转换成本有关。

（4）创新资源投入结构和规模不足是制约能源生产类技术和能源利用类技术进步的关键。本书通过选取目标行业，利用窗口 DEA 技术对能源生产类技术和能源利用类技术效率进行了测度，结果发现，从总体上，创新资源投入结构不合理、投入规模不足是制约两类技术进步的重要原因，其中，对于能源利用类技术而言，还存在创新资源配置水平不高的问题。此外，对两类技术效率的评价还发现，煤炭、钢铁等高耗能产业技术进步的减排效率最低。因此，本书建议应进一步强化煤炭、钢铁等高耗能、高排放产业领域的减排技术问题。

（5）未来的减排对策应关注技术成长环境的优化和技术、经济组合政策的应用。本书通过对已有二氧化碳减排政策进行回顾发现，尽管中国已经形成了比较完备的二氧化碳减排政策体系，但政策手段还比较单一，更多的是通过政府的强制力倒逼企业开展技术创新。本书认为，技术进步具有其自身规律，忽略技术成长规律的倒逼并不一定能够推动技术成长。考虑到技术进步的社会复杂影响关系，本书引入了由 Geels 等人提出的 MLP（多层视角模型），认为在推动二氧化碳减排过程中，政策应进一步强化对社会技术范式和社会技术愿景的引导，优化技术成长环境，并从社会技术转型角度分析了减排技术进步不同阶段的政策着力点。

二氧化碳减排和技术偏向是两个比较大的研究问题，本书将二者结合，从技术偏向视角切入研究二氧化碳减排问题，是对已有研究的整合和深化。寥寥数万言，难以窥其全貌，只能从局部看到一些现象。加之作者水平、精力有限，还存在很多缺憾之处，略叙如下，以为未来研究提供借鉴。

第一，关于二氧化碳排放的核算问题。二氧化碳排放是一个复杂的过程，根据目前主流的划分，其来源至少可以包括能源活动、工业生产、土地利用变化等三个方面，但由于检测手段限制，目前只能大概地通过能源消耗量和工业产品产量计算二氧化碳的理论产生量，通过森林覆盖面积大概的估算森林碳汇的吸收量。但从本质上看，以能源活动为例，能源活动是按照给定的碳排放系数进行计算的，碳排放系数的高低既受到燃烧技术水平的影响，也受到能源品质本身的影响。不过由于技术是动态变化的，能源品质本身也是异质的，按照平均的系数计算难免产生偏差。

第二，关于能源生产类技术减排阈值效应问题。本书在研究中发现，能源生产类技术的二氧化碳减排效应发挥可能存在阈值效应，即只有当能源生产类技术进步累积到一定规模的时候，其减排效果才能得到有效发挥，但这个阈值到底是多少？阈值受到哪些因素影响？有待在进一步的研究中进行探讨。事实上，研究该问题可以有很多角度，比如从能源转换成本的角度可以讨论，从能源生产类技术演化的角度也可以研究，而不同的研究角度所得出的结论无疑对中国当前的能源转型和二氧化碳减排都是有利的。

第三，关于制约能源生产类技术和能源利用类技术减排效率识别方法问题。本书基于窗口 DEA 模型，通过选取目标行业，对制约当前能源生产类技术和能源利用类技术减排效率的因素进行了识别，但作为效率测度，其本质是通过计算投入产出比例来评价特定技术的效率，理论上来说，这里的投入和产出应该都是局限于评价对象本身。但在本书研究过程中，由于测度的两类技术范围较广，特别是能源利用类技术，几乎可以包括任何有能源活动的行业，而从投入产出指标选择看，每个行业相应的投入并不一定都服务于能源利用类技术的效果改善，因此，存在严重的高估倾向。尽管本书已通过严密的正反论证，选择了相对较为典型的替代行业，但仍难避免该问题的出现。因此如何针对特定技术的效率进行测度还有待测度技术本身的进步。无疑，针对生产中特定技术效率的测度对优化生产、改善技术投入结构是有利的，值得未来进一步探索。

参考文献

［1］董思言，高学杰．长期气候变化——IPCC 第五次评估报告解读［J］．气候变化研究进展，2014（1）：56－59.

［2］SINGER S F．Human contribution to climate change remains questionable［J］．Eos Transactions American Geophysical Union，1999，80（16）：183－187.

［3］张浩．访俄罗斯天文学家阿卜杜萨马托夫［N］．科技日报，2010－01－02.

［4］丁仲礼．气候变化及其背后的利益博弈［EB/OL］．https：//news. qq. com/a/20110412/000768. htm.

［5］江晓原．科学与政治："全球变暖"争议及其复杂性［J］．科学与社会，2013，3（2）：38－45.

［6］黄群慧．中国工业化进程及其对全球化的影响［J］．中国工业经济，2017（6）：26－30.

［7］WANG X. Researching the endoplasm law of urbanization［J］．Urban Studies，2006.

［8］冯云廷．城市经济学［M］．2 版．大连：东北财经大学出版社，2008.

［9］马海龙，陈学琴著．新型城镇化空间基础［M］．银川：宁夏人民出版社，2016.

［10］孙慧宗，李久明. 中国城市化与二氧化碳排放量的协整分析［J］. 人口学刊，2010（5）：32－38.

［11］臧良震，张彩虹. 中国城市化、经济发展方式与CO_2排放量的关系研究［J］. 统计与决策，2015（20）：124－126.

［12］方创琳，刘晓丽，蔺雪芹. 中国城市化发展阶段的修正及规律性分析［J］. 干旱区地理（汉文版），2008，31（4）：512－523.

［13］李善同，吴三忙. 中国城市化速度预测分析［EB/OL］. http：//www. drc. gov. cn/n/20170824/1－224－2894327. htm.

［14］刘叶琳. 我国天然气对外依存度不断提升［N］. 国际商报，2017－06－04.

［15］薛永强，来蔚鹏，王志忠. 粒度对煤粒燃烧和热解影响的理论分析［J］. 煤炭转化，2005，28（3）：19－21.

［16］卫广运，马金芳，王宇哲，等. 不同制粉粒度对混煤热解和燃烧性的影响［J］. 中国冶金，2016，26（5）：32－36.

［17］丁波. 我国工业锅炉的现状及节能途径［J］. 能源研究与利用，2011（2）：52－53.

［18］舟丹. 中国是世界上最大的碳排放国之一［J］. 中外能源，2015（1）：56.

［19］TRANFIELD D，DENYER D，Palminder Smart. Towards a Methodology for Developing Evidence Informed Management Knowledge by Means of Systematic Review［J］. British Journal of Management，2003，14（3）：207－222.

［20］EHRLICH P R，HOLDREN J P. A Bulletin Dialogue on The Closing Circle，Critique［J］. Bulletin of the Atomic Scientists，1972（17）：42－56.

［21］LEI H U. Would Urban-Rural Income Gap Affect Carbon Dioxide Emissions? Empirical Research Based on the Extended IPAT Model［J］.

Chinese Journal of Urban&Environmental Studies, 2016, 04 (02): 1 – 10.

[22] GROSSMAN G M, KRUEGER A B. Environmental Impacts of a North American Free Trade Agreement [J]. Social Science Electronic Publishing, 1991, 8 (2): 223 – 250.

[23] SHAFIK N, BANDYOPADHYAY S. Economic growth and environmental quality: time – series and cross – country evidence [M]. World Bank Publications, 1992.

[24] SELDEN T M, SONG D. Environmental quality and development: is there a Kuznets curve for air pollution emissions? [J]. Journal of Environmental Economics and management, 1994, 27 (2): 147 – 162.

[25] GALEOTTI M, Lanza A, and Pauli F. Reassessing the environmental Kuznets curve for CO_2, emissions: A robustness exercise [J]. Ecological Economics, 2006, 57 (1): 152 – 163.

[26] IWATA H, OKADA K, SAMRETH S. Empirical study on the environmental Kuznets curve for CO_2, in France: The role of nuclear energy [J]. Energy Policy, 2010, 38 (8): 4057 – 4063.

[27] PARK S, LEE Y. Regional model of EKC for air pollution: Evidence fro m the Republic of Korea [J]. Energy Policy, 2011, 39 (10): 5840 – 5849.

[28] 王良举, 王永培, 李逢春. 环境库兹涅茨曲线存在吗？——来自 CO_2 排放量的国际数据验证 [J]. 软科学, 2011, 25 (8): 35 – 39.

[29] 宋锋华. 经济增长、大气污染与环境库兹涅茨曲线 [J]. 宏观经济研究, 2017 (2): 89 – 98.

[30] AGRAS J, CHAPMAN D. A dynamic approach to the Environmental Kuznets Curve hypothesis [J]. Ecological Economics, 1999, 28 (2): 267 – 277.

［31］ RICHMOND A K，KAUFMANN R K. Is there a turning point in the relationship between income and energy use and/or carbon emissions? ［J］. Ecological Economics，2006，56（2）：176 – 189.

［32］ HE J，RICHARD P. Environmental Kuznets curve for CO 2，in Canada ［J］. Cahiers De Recherche，2010，69（5）：1083 – 1093.

［33］ 林寿富. 考虑多因素影响的二氧化碳排放环境库兹涅茨曲线检验——基于 ARDL 模型的实证分析 ［J］. 软科学，2014，28（6）：127 – 130.

［34］ 王艺明，胡久凯. 对中国碳排放环境库兹涅茨曲线的再检验 ［J］. 财政研究，2016（11）：51 – 64.

［35］ TIMILSINA G R，SHRESTHA A. Transport sector CO_2，emissions growth in Asia：Underlying factors and policy options ［J］. Energy Policy，2009，37（11）：4523 – 4539.

［36］ LI H，MU H，ZHANG M，et al. Analysis on influence factors of China's CO_2，emissions based on Path – STIRPAT model ［J］. Energy Policy，2011，39（11）：6906 – 6911.

［37］ ANDREONI V，GALMARINI S. Decoupling economic growth from carbon dioxide emissions：A decomposition analysis of Italian energy consumption ［J］. Energy，2012，44（1）：682 – 691.

［38］ HUO J，YAGG D，ZHANG W，et al. Analysis of influencing factors of CO_2，emissions in Xinjiang under the context of different policies ［J］. Environmental Science&Policy，2015，45：20 – 29.

［39］ YANG W，LI T，CAO X. Examining the impacts of socio – economic factors，urban form and Transportation development on CO_2，emissions from transportation in China：A panel data analysis of China's provinces ［J］. Habitat International，2015，49：212 – 220.

［40］ XU S C，HE Z X，LONG R Y，et al. Comparative analysis of

the regional contributions to carbon emissions in China [J]. Journal of Cleaner Production, 2016, 127: 406-417.

[41] BIRDSALL N. Another look at population and global warming [M]. World Bank Publications, 1992.

[42] KNAPP T, MOOKERJEE R. Population growth and global CO_2 emissions: A secular perspective [J]. Energy Policy, 1996, 24 (1): 31-37.

[43] SHI A. The impact of population pressure on global carbon dioxide emissions, 1975—1996: evidence from pooled cross - country data [J]. Ecological Economics, 2003, 44 (1): 29-42.

[44] ASUMADU - SARKODIE S, OWUSU P A. Energy use, carbon dioxide emissions, GDP, industrialization, financial development, and population, a causal nexus in Sri Lanka: With a subsequent prediction of energy use using neural network [J]. Energy Sources, Part B: Economics, Planning, and Policy, 2016, 11 (9): 889-899.

[45] ASUMADU - SARKODIE S, OWUSU P A. Recent evidence of the relationship between carbon dioxide emissions, energy use, GDP, and population in Ghana: A linear regression approach [J]. Energy Sources, Part B: Economics, Planning, and Policy, 2017, 12 (6): 495-503.

[46] 李建豹, 黄贤金, 吴常艳, 等. 中国省域碳排放的空间格局预测分析 [J]. 生态经济, 2017, 33 (3).

[47] ADUSAH - POKU F. Carbon dioxide emissions, urbanization and population: empirical evidence from Sub - Saharan Africa [J]. Energy Economics Letters, 2016, 3 (1): 1-16.

[48] LIDDLE B. Demographic dynamics and per capital environmental impact: using panel regressions and household decomposition to examine population and transport [J]. Population and Environment, 2004, 26 (1):

23 – 39.

［49］LIU Y. Exploring the relationship between urbanization and energy consumption in China using ARDL（autoregressive distributed lag）and FDM（factor decomposition model）［J］. Energy, 2009, 34（11）: 1846 – 1854.

［50］LIDDLE B. Impact of population, age structure, and urbanization on carbon emissions/energy consumption: evidence from macro-level, cross-country analyses［J］. Population and Environment, 2014, 35（3）: 286 – 304.

［51］ZHOU Y, LIU Y. Does population have a larger impact on carbon dioxide emissions than income？ Evidence from a cross – regional panel analysis in China［J］. Applied Energy, 2016, 180: 800 – 809.

［52］胡雷, 王军锋. 城镇化区域差异、市场化进程对我国 CO_2 排放的影响［J］. 城市发展研究, 2015, 22（9）: 28 – 35.

［53］林伯强, 刘希颖. 中国城市化阶段的碳排放: 影响因素和减排策略［J］. 经济研究, 2010: 66 – 78.

［54］朱勤, 彭希哲, 陆志明, 等. 人口与消费对碳排放影响的分析模型与实证［J］. 中国人口资源与环境, 2010（2）: 98 – 102.

［55］张小平, 方婷. 甘肃省碳排放变化及影响因素分析［J］. 干旱区地理, 2012, 35（3）: 487 – 493.

［56］OHLAN R. The impact of population density, energy consumption, economic growth and trade openness on CO_2, emissions in India［J］. Natural Hazards, 2015, 79（2）: 1 – 20.

［57］孙作人, 周德群, 周鹏, 等. 结构变动与二氧化碳排放库兹涅茨曲线特征研究——基于分位数回归与指数分解相结合的方法［J］. 数理统计与管理, 2015, 34（1）: 59 – 74.

［58］FAN Y, LIU L C, WU G, et al. Analyzing impact factors of

CO_2, emissions using the STIRPAT model [J] . Environmental Impact Assessment Review, 2006, 26 (4): 377 – 395.

[59] RAMANATHAN H. Asian American Teachers: Do They Impact the Curriculum? Are There Support Systems for Them? [J] . Multicultural Education, 2006, 14: 31 – 35.

[60] XU S C, HE Z X, LONG R Y, et al. Comparative analysis of the regional contributions to carbon emissions in China [J] . Journal of Cleaner Production, 2016, 127: 406 – 417.

[61] 张雷. 经济发展对碳排放的影响 [J] . 地理学报, 2003, 58 (4): 629 – 637.

[62] WANG C, CHEN J, ZOU J. Decomposition of energy – related CO_2 emission in China: 1957 – 2000 [J] . Energy, 2005, 30 (1): 73 – 83.

[63] 林伯强, 李江龙. 环境治理约束下的中国能源结构转变——基于煤炭和二氧化碳峰值的分析 [J] . 中国社会科学, 2015 (9): 84 – 107.

[64] XU B, LIN B. Regional differences in the CO_2, emissions of China's iron and steel industry: Regional heterogeneity [J] . Energy Policy, 2016, 88: 422 – 434.

[65] 廖明球, 许雷鸣. 二氧化碳排放的 IO – SDA 模型及其实证研究 [J] . 统计研究, 2017, 34 (7): 62 – 70.

[66] 查冬兰, 周德群, 孙元. 为什么能源效率与碳排放同步增长——基于回弹效应的解释 [J] . 系统工程, 2013, (10): 105 – 111.

[67] WANG Z, YIN F, ZHANG Y, et al. An empirical research on the influencing factors of regional CO_2 emissions: evidence from Beijing city, China [J] . Applied Energy, 2012, 100: 277 – 284.

[68] PANUL S, BHATTACHARYA R N. CO_2 emission from energy use in India: a decomposition analysis [J] . Energy Policy, 2004, 32

(5): 585 –593.

[69] ZHANG C, JIANG N. Panel estimation for transport sector CO_2, emissions and its affecting factors: A regional analysis in China [J]. Energy Policy, 2013, 63 (4): 918 –926.

[70] FISHER – VANDEN K, JEFFERSON G H, LIU H, et al. What is driving China's decline in energy intensity? [J]. Resource and Energy Economics, 2004, 26 (1): 77 –97.

[71] 王韶华, 于维洋, 张伟. 基于面板数据的制造业行业能源结构和能源效率对碳强度的贡献分析 [J]. 环境工程, 2014, 32 (9): 167 –171.

[72] LIN B, LEI X. Carbon emissions reduction in China's food industry [J]. Energy Policy, 2015, 86: 483 –492.

[73] LI H, MU H, ZHANG M, et al. Analysis on influence factors of China's CO_2, emissions based on Path – STIRPAT model [J]. Energy Policy, 2011, 39 (11): 6906 –6911.

[74] WANG S, FANG C, WANG Y. Spatiotemporal variations of energy – related CO_2, emissions in China and its influencing factors: An empirical analysis based on provincial panel data [J]. Renewable&Sustainable Energy Reviews, 2016, 55 (55): 505 –515.

[75] ZHOU X, ZHANG M, ZHOU M, et al. A comparative study on decoupling relationship and influence factors between China's regional economic development and industrial energy – related carbon emissions [J]. Journal of Cleaner Production, 2017, 142: 783 –800.

[76] RHEE H C, CHUNG H S. Change in CO_2, emission and its transmissions between Korea and Japan using international input – output analysis [J]. Ecological Economics, 2006, 58 (4): 788 –800.

[77] 吴献金. 李妍芳. 中日贸易对碳排放转移的影响研究 [J].

资源科学 2012, 34 (2)：301 - 308.

［78］张为付，杜运苏. 中国对外贸易中隐含碳排放失衡度研究 ［J］. 中国工业经济, 2011 (4)：138 - 147.

［79］MENG M, NIU D. Three - dimensional decomposition models for carbon productivity ［J］. Energy, 2012, 46 (1)：179 - 187.

［80］张旺，谢世雄. 北京能源消费排放 CO_2 增量的影响因素分析——基于三层嵌套式的 I - O SDA 技术 ［J］. 自然资源学报, 2013, 28 (11)：1846 - 1857.

［81］王群伟，周鹏，周德群. 我国二氧化碳排放绩效的动态变化、区域差异及影响因素 ［J］. 中国工业经济, 2010：45 - 54.

［82］王维国，范丹. 中国区域全要素能源效率收敛性及影响因素分析——基于 Malmqulist - Luen - berger 指数法 ［J］. 资源科学, 2012, 34 (10)：1816 - 1824.

［83］马大来，陈仲常，王玲. 中国省际碳排放效率的空间计量 ［J］. 中国人口·资源与环境, 2015, 25：67 - 77.

［84］何小钢，张耀辉. 中国工业碳排放影响因素与 CKC 重组效应——基于 STIRPAT 模型的分行业动态面板数据实证研究 ［J］. 中国工业经济, 2012：26 - 35.

［85］张兵兵，徐康宁，陈庭强. 技术进步对二氧化碳排放强度的影响研究 ［J］. 资源科学, 2014, 36 (3)：288 - 289.

［86］王钰，张连城. 中国制造业向低碳经济型增长方式转变的影响因素及机制研究——基于 STIRPAT 模型对制造业 28 个行业动态面板数据的分析 ［J］. 经济学动态, 2015 (4)：35 - 41.

［87］DEAN J M, LOVELY M E, WANG H. Are foreign investors attracted to weak environmental regulations? Evaluating the evidence from China ［J］. Journal of development economics, 2009, 90 (1)：1 - 13.

［88］唐承财，穆松林. 目的地旅游道路间接能耗与碳排放分析

[J]．生态经济（中文版），2016，32（5）：79－83.

[89] WANG W, XIE H, JIANG T, et al. Measuring the Total－Factor Carbon Emission Performance of Industrial Land Use in China Based on the Global Directional Distance Function and Non－Radial Luenberger Productivity Index [J] . Sustainability, 2016, 8 (4): 336.

[90] JOSEPH A, THOMAS K, SCHUMPETER J A, et al. Capitalism, Socialism and Democracy [J] . Social Science Electronic Publishing, 1942, 27 (4): 594－602.

[91] SOLOW R M. A Contribution to the Theory of Economic Growth [J]. Quarterly Journal of Economics, 1956, 70 (1): 65－94.

[92] SWAN T W. ECONOMIC GROWTH and CAPITAL ACCUMULATION [J] . Economic Rec－ord, 1956, 32 (2): 334－361.

[93] ARROW K J. The economic learning implications of by doing [J]. The Review of Economic Studies, 1962, 29: 155－173.

[94] 杨芳．技术进步对中国二氧化碳排放的影响及政策研究 [M] . 北京：经济科学出版社，2013.

[95] ROMER P M. Increasing returns and long－run growth [J]. Journal of political economy, 1986, 94 (5): 1002－1037.

[96] LUCAS Jr R E. On the mechanics of economic development [J] . Journal of monetary economics, 1988, 22 (1): 3－42.

[97] UZAWA H. Optimum technical change in an aggregative model of economic growth [J] . International economic review, 1965, 6 (1): 18－31.

[98] AGHION P, Howitt P. A model of growth through creative destruction [R] . National Bureau of Economic Research, 1990.

[99] GROSSMAN G M, HELPMAN E. Quality ladders in the theory of growth [J] . The Review of Economic Studies, 1991, 58 (1): 43－61.

［100］布莱恩·阿瑟，曹东溟，王健. 技术的本质［M］. 杭州：浙江人民出版社，2014.

［101］WEYANT J P. An introduction to the economics of climate change policy［M］. Pew Center on Global Climate Change, 2000.

［102］NORDHAUS W D. Induced technological change with applications to modeling of climate – change policies［R］. Yale University, New Haven, CT（US），2002.

［103］POPP D. ENTICE：endogenous technological change in the DICE model of global warming［J］. Journal of Environmental Economics & Management, 2003, 48（1）：742 – 768.

［104］BOSETTI V, CARRARO C, GALEOTTI M, et al. WITCH A World Induced Technical Change Hybrid Model［J］. Energy Journal, 2006, 27（Special Issue#2）：13 – 37.

［105］WEI W X, YANG F. Impact of technology advance on carbon dioxide emission in China［J］. Stat Res, 2010, 27（7）：36 – 44.

［106］OKUSHIMA S, TAMURA M. What causes the change in energy demand in the economy? The role of technological change［J］. Energy Economics, 2010, 32（5）：S41 – S46.

［107］MANNE A, RICHELS R. The impact of learning – by – doing on the timing and costs of CO abatement［J］. Energy Economics, 2004, 26（4）：603 – 619.

［108］GRIGGS D J, NOGUER M. Climate change 2001：The scientific basis. Contribution of Workin – g Group I to the Third Assessment Report of the Intergovernmental Panel on Climate Chan – ge［J］. Weather, 2002, 57（8）：267 – 269.

［109］何小钢，张耀辉. 技术进步、节能减排与发展方式转型——基于中国工业36个行业的实证考察［J］. 数量经济技术经济研

究，2012（3）：19－33.

[110] 刘殿兰，周杰琦. 技术进步、产业结构变动与中国的二氧化碳排放——基于省际面板数据的经验分析［J］. 科技管理研究，2015，v. 35；No. 331（9）：230－237.

[111] 张鸿武，王珂英，殳蕴钰. 中国工业碳减排中的技术效应：1998—2013——基于直接测算法与指数分解法的比较分析［J］. 宏观经济研究，2016（12）：38－49.

[112] JAFFE A B, NEWELL R G, STAVINS R N. Environmental policy and technological change ［J］. Environmental and resource economics, 2002, 22（1－2）：41－70.

[113] ANG J B. CO_2, emissions, research and technology transfer in China ［J］. Ecological Econo－mics, 2009, 68（10）：2658－2665.

[114] 孙建. 中国技术创新碳减排效应研究——基于内生结构突变模型的分析［J］. 统计与信息论坛，2015. 30（2）：23－27.

[115] ACEMOGLU D, AGHION P, BURSZTYN L, et al. The Environment and Directed Technical Chan－ge ［C］//Seminar Papers. Stockholm University, Institute for International Economic Studies, 2010：131.

[116] 金培振，张亚斌，彭星. 技术进步在二氧化碳减排中的双刃效应——基于中国工业 35 个行业的经验证据［J］. 科学学研究，2014，32（5）：706－716.

[117] 师应来，胡晟明. 技术进步、经济增长对二氧化碳排放的动态分析［J］. 统计与决策，2017（16）：149－151.

[118] BERKHOUT P H G, MUSKENS J C, VELTHUIJSEN J W. Defining the rebound effect ［J］. Energy Policy, 2000, 28（6－7）：425－432.

[119] CHAN N W, GILLINGHAM K. The microeconomic theory of the rebound effect and its welfare implications ［J］. Journal of the Associa-

tion of Environmental and Resource Economists, 2015, 2 (1): 133 – 159.

[120] 邵帅, 杨莉莉, 黄涛. 能源回弹效应的理论模型与中国经验 [J]. 经济研究, 2013 (2): 96 – 109.

[121] 佟金萍, 秦腾, 马剑锋, 等. 基于随机前沿超越对数函数的江苏能源回弹效应 [J]. 系统工程, 2015 (1): 139 – 145.

[122] 鄢哲明, 邓晓兰, 杨志明. 异质性技术创新对碳强度的影响——基于全球专利数据 [J]. 北京理工大学学报 (社会科学版), 2017, 19 (1): 20 – 27.

[123] 张文彬, 李国平. 异质性技术进步的碳减排效应分析 [J]. 科学学与科学技术管理, 2015 (9): 54 – 59.

[124] Hicks, John. R. The Theory of Wage [M]. London: Macmillan, 1932.

[125] 陆雪琴, 章上峰. 技术进步偏向定义及其测度 [J]. 数量经济技术经济研究, 2013, (8): 20 – 34.

[126] NORDHAUS W D. Some Skeptical Thoughts on the Theory of Induced Innovation [J]. Quarterly Journal of Economics, 1973, 87 (2): 208 – 219.

[127] ROMER, PANUL M. Endogenous Technological Change [J]. Journal of Political Economy, 1990, 98 (5): 71 – 102.

[128] GROSSMAN G M, HELPMAN E. Innovation and growth in the global economy [M]. MIT press, 1993.

[129] AGHION P, HOWITT P. A model of growth through creative destruction [R]. National Bureau of Economic Research, 1990.

[130] AGHION, PHILIPPE, PETER HOWITT. Endogenous Growth Theory [M]. Cambridge, MA, MIT Press, 1998.

[131] ACEMOGLU, DARON. Why Do New Technologies Complement Skills? Directed Technological Change and Wage Inequality [J]. Quarterly

Journal of Economics, 1998, 113 (4): 1055 – 1089.

[132] ACEMOGLU, DARON. Directed Technological Change [J]. Review of Economic Studies, 2002, 69 (4): 781 – 810.

[133] ACEMOGLU D. Equilibrium Bias of Technology, Econometrica [J]. Daron Acemoglu, 2007, 75 (5): 1371 – 1409.

[134] ACEMOGLU D, AGHION P, BURSZTYN L, et al. The Environment and Directed Technical Change [J]. American Economic Review, 2012, 102 (1): 131 – 166.

[135] ACEMOGLU D, AGHION P, HÉMOUS D. The environment and directed technical change in a North – South model [J]. Oxford Review of Economic Policy, 2014, 30 (3): 513 – 530.

[136] MATTAUCH L, CREUTZIG F, EDENHOFER O. Avoiding carbon lock – in: policy options for advancing structural change [J]. Economic Modelling, 2015, 50: 49 – 63.

[137] HUISINGH D, ZHANG Z, MOORE J C, et al. Recent advances in carbon emissions reduction: policies, technologies, monitoring, assessment and modeling [J]. Journal of Cleaner Production, 2015, 103: 1 – 12.

[138] AGHION P, DECHEZLEPRÊTRE A, HEMOUS D, et al. Carbon taxes, path dependency, and directed technical change: Evidence from the auto industry [J]. Journal of Political Economy, 2016, 124 (1): 1 – 51.

[139] ACEMOGLU D, AKCIGIT U, HANLEY D, et al. Transition to clean technology [J]. Journal of Political Economy, 2016, 124 (1): 52 – 104.

[140] CALEL R, DECHEZLEPRETRE A. Environmental policy and directed technological change: evidence from the European carbon market

[J]. Review of economics and statistics, 2016, 98 (1)：173 – 191.

[141] WESSEH P K, Lin B. Output and substitution elasticities of energy and implications for renewable energy expansion in the ECOWAS region [J]. Energy Policy, 2016, 89：125 – 137.

[142] 中华人民共和国发展和改革委员会应对气候变化司. 中华人民共和国气候变化第一次两年更新报告 [EB/OL]. http：// qhs. ndrc. gov. cn/gzdt/201702/t20170228_ 839674. html, 2017 – 2 – 28.

[143] 中华人民共和国发展和改革委员会应对气候变化司. 中华人民共和国气候变化第一次两年更新报告 [EB/OL]. http：// qhs. ndrc. gov. cn/zcfg/201404/t20140415_ 606980. html, 2014 – 4 – 15.

[144] 赵立祥, 刘亚萍. 基于奇异谱分析方法的北京、上海能源消费的二氧化碳排放趋势研究 [J]. 科技管理研究, 2015, 35 (21)：236 – 244.

[145] 李志学, 孙敏. 中国各省区域碳排放水平及其成因分析 [J]. 统计与决策, 2016 (10)：124 – 127.

[146] 戴颜德, 胡秀莲. 中国二氧化碳减排技术潜力和成本研究 [M]. 中国环境科学出版社, 2013.

[147] 王晓真. 2014 世界能源效率排名出炉德国居榜首, 意大利、中国、法国位居前列 [EB/OL]. http：//www. cssn. cn/hqxx/bwych/201407/t20140730_ 1272152. shtml.

[148] 张炎涛, 唐齐鸣. 能源稀缺性与关键要素把握：缘于国际比较 [J]. 改革, 2011 (10)：30 – 36.

[149] 郑季良, 陈墙. 云南省碳排放与经济增长关系的情景分析和预测 [J]. 昆明理工大学学报 (社会科学版), 2012, 12 (3)：73 – 77.

[150] 戴天仕, 徐现祥. 中国的技术进步方向 [J]. 世界经济, 2010 (11)：54 – 70.

［151］邓明. 人口年龄结构与中国省际技术进步方向［J］. 经济研究, 2014（3）: 130 - 143.

［152］ACEMOGLU D, Akcigit U, Hanley D, et al. Transition to clean technology［J］. Journal of Political Economy, 2016, 124（1）: 52 - 104.

［153］BRIEC W, Peypoch N. Biased Technical Change and Parallel Neutrality［J］. Journal of Economics, 2007, 92（3）: 281 - 292.

［154］BARROS C P, Weber W L. Productivity growth and biased technological change in UK airports［J］. Transportation Research Part E: Logistics and Transportation Review, 2009, 45（4）: 642 - 653.

［155］王俊, 胡雍. 中国制造业技能偏向技术进步的测度与分析［J］. 数量经济技术经济研究, 2015（1）: 82 - 96.

［156］尤济红, 王鹏. 环境规制能否促进 R&D 偏向于绿色技术研发? ——基于中国工业部门的实证研究［J］. 经济评论, 2016（3）: 26 - 38.

［157］郝枫. 中国技术偏向的趋势变化、行业差异及总分关系［J］. 数量经济技术经济研究, 2017（4）: 20 - 38.

［158］孔宪丽, 米美玲, 高铁梅. 技术进步适宜性与创新驱动工业结构调整——基于技术进步偏向性视角的实证研究［J］. 中国工业经济, 2015（11）: 62 - 77.

［159］王林辉, 赵景. 技术进步偏向性及其收入分配效应: 来自地区面板数据的分位数回归［J］. 求是学刊, 2015（4）.

［160］王芳, 周兴. 人口结构、城镇化与碳排放——基于跨国面板数据的实证研究［J］. 中国人口科学, 2012（2）: 47 - 56.

［161］彭宇文, 谭凤连, 谌岚, 等. 城镇化对区域经济增长质量的影响［J］. 经济地理, 2017, 37（8）: 86 - 92.

［162］陈阳, 逯进. 人口发展与经济增长的系统动力机制研究

［J］. 人口与发展，2017，23（3）：2 - 13.

［163］王群伟，周鹏，周德群. 我国二氧化碳排放绩效的动态变化、区域差异及影响因素［J］. 中国工业经济，2010（1）：45 - 54.

［164］林伯强，蒋竺均. 中国二氧化碳的环境库兹涅茨曲线预测及影响因素分析［J］. 管理世界，2009（4）：27 - 36.

［165］龙志和，陈青青. 中国区域 CO_2 排放影响因素实证研究［J］. 软科学，2011，25（8）：40 - 44.

［166］杨骞，刘华军. 中国二氧化碳排放的区域差异分解及影响因素——基于 1995—2009 年省际面板数据的研究［J］. 数量经济技术经济研究，2012（5）：36 - 49.

［167］JEVONS W S. The Coal Question：An Inquiry Concerning the Progress of the Nation，and the Probable Exhaustion of Our Coal - Mines［M］. Hardpress Publishing，2010.

［168］BERKHOUT P H G，MUSKENS J C，VELTHUIJSEN J W. Defining the rebound effect［J］. Energy Policy，2000，28（6 - 7）：425 - 432.

［169］GREENE D L. Vehicle Use and Fuel Economy：How Big is the Rebound Effect?［J］. Energy Journal，1992，13（1）：117 - 143.

［170］WHEATON W C. The Long - Run Structure of Transportation and Gasoline Demand［J］. Bell Journal of Economics，1982，13（2）：439 - 454.

［171］OREA L，LLORCA M，FILIPPINI M. A new approach to measuring the rebound effect associated to energy efficiency improvements：An application to the US residential energy demand［J］. Energy Economics，2015，49：599 - 609.

［172］LI K，JIANG Z. The impacts of removing energy subsidies on economy - wide rebound effects in China：An input - output analysis［J］.

Energy Policy, 2016, 98: 62 - 72.

[173] SCHIPPER L, GRUBB M. On the rebound? Feedback between energy intensities and energy uses in IEA countries [J]. Energy Policy, 2000, 28 (6 - 7): 367 - 388.

[174] BENTZEN J. Estimating the rebound effect in US manufacturing energy consumption [J]. Energy Economics, 2004, 26 (1): 123 - 134.

[175] SAUNDERS H D. Historical evidence for energy efficiency rebound in 30 US sectors and a toolkit for rebound analysts [J]. Technological Forecasting and Social Change, 2013, 80 (7): 1317 - 1330.

[176] ANTAL M, JEROEN C. J. M. VAN DEN BERGH. Respending rebound: A macro - level assessment for OECD countries and emerging economies [J]. Energy Policy, 2014, 68 (5): 585 - 590.

[177] SGLOMSRØD, Wei T. Coal cleaning: a viable strategy for reduced carbon emissions and improved environment in China? [J]. Energy Policy, 2005, 33 (4): 525 - 542.

[178] GREPPERUD S, RASMUSSEN I. A general equilibrium assessment of rebound effects [J]. Energy Economics, 2004, 26 (2): 261 - 282.

[179] HANLEY N D, MCGREGOR P G, Swales J K, et al. The impact of a stimulus to energy efficiency on the economy and the environment: A regional computable general equilibrium analysis [J]. Renewable Energy, 2006, 31 (2): 161 - 171.

[180] WEI T. A general equilibrium view of global rebound effects [J]. Social Science Electronic Publishing, 2010, 32 (3): 661 - 672.

[181] OTTO V M, LÖSCHEL A, REILLY J. Directed technical change and differentiation of climate policy [J]. Energy Economics, 2008, 30 (6): 2855 - 2878.

［182］ TURNER K, HANLEY N. Energy efficiency, rebound effects and the environmental Kuznets Curve ［J］. Energy Economics, 2011, 33 (5): 709 – 720.

［183］ DRUCKMAN A, CHITNIS M, SORRELL S, et al. Missing carbon reductions? Exploring rebound and backfire effects in UK households ［J］. Energy Policy, 2011, 39 (6): 3572 – 3581.

［184］ FREIRE – GONZÁLEZ J. Methods to empirically estimate direct and indirect rebound effect of energy – saving technological changes in households ［J］. Ecological Modelling, 2011, 223 (1): 32 – 40.

［185］ CHITNIS M, SORRELL S, DRUCKMAN A, et al. Turning lights into flights: Estimating direct and indirect rebound effects for UK households ［J］. Energy Policy, 2013, 55 (55): 234 – 250.

［186］ MURRAY C K. What if consumers decided to all ' go green '? Environmental rebound effects from consumption decisions ［J］. Energy Policy, 2013, 54 (C): 240 – 256.

［187］ 李凯杰, 曲如晓. 技术进步对中国碳排放的影响——基于向量误差修正模型的实证研究 ［J］. 中国软科学, 2012 (6): 51 – 58.

［188］ 林伯强, 孙传旺. 如何在保障中国经济增长前提下完成碳减排目标 ［J］. 中国社会科学, 2011 (1): 64 – 76.

［189］ 朱宇恩, 李丽芬, 贺思思, 等. 基于 IPAT 模型和情景分析法的山西省碳排放峰值年预测 ［J］. 资源科学, 2016, 38 (12): 2316 – 2325.

［190］ 宋杰鲲. 基于 STIRPAT 和偏最小二乘回归的碳排放预测模型 ［J］. 统计与决策, 2011 (24): 19 – 22.

［191］ 胡广阔, 李春梅, 惠树鹏. 基于改进 STRIPAT 模型在碳排放强度预测中的应用 ［J］. 统计与决策, 2016 (3): 87 – 89.

［192］ 常征, 潘克西. 基于 LEAP 模型的上海长期能源消耗及碳排

放分析 [J]. 当代财经, 2014 (1): 98 - 106.

[193] 毕超. 中国能源 CO_2 排放峰值方案及政策建议 [J]. 中国人口・资源与环境, 2015 (5): 20 - 27.

[194] 姜克隽, 胡秀莲, 庄幸, 等. 中国 2050 年的能源需求与 CO_2 排放情景 [J]. 气候变化研究进展, 2008, 4 (5): 296 - 302.

[195] 刘宇, 蔡松锋, 张其仔. 2025 年、2030 年和 2040 年中国二氧化碳排放达峰的经济影响——基于动态 GTAP - E 模型 [J]. 管理评论, 2014, 26 (12): 3 - 9.

[196] 刘建翠. 中国交通运输部门节能潜力和碳排放预测 [J]. 资源科学, 2011, 33 (4): 640 - 646.

[197] 邵帅, 张曦, 赵兴荣. 中国制造业碳排放的经验分解与达峰路径——广义迪氏指数分解和动态情景分析 [J]. 中国工业经济, 2017 (3): 44 - 63.

[198] 郑石明. 政治周期、五年规划与环境污染——以工业二氧化硫排放为例 [J]. 政治学研究, 2016 (2): 80 - 94.

[199] LIN B, OUYANG X. Analysis of energy - related CO_2, (carbon dioxide) emissions and reduction potential in the Chinese non - metallic mineral products industry [J]. Energy, 2014, 68 (8): 688 - 697.

[200] 李善同. "十二五" 时期至 2030 年我国经济增长前景展望 [J]. 经济研究参考, 2010 (43): 2 - 27.

[201] LANGPAP C, SHIMSHACK J P. Private citizen suits and public enforcement: Substitutes or complements? [J]. Journal of Environmental Economics&Management, 2010, 59 (3): 235 - 249.

[202] AL - RAWASHDEH R, JARADAT A Q, AL - SHBOUL M. Air pollution and economic growth in MENA countries: Testing EKC hypothesis [J]. Environmental Research, Engineering and Management, 2014, 70 (4): 54 - 65.

［203］KATIRCIOGLU S. Investigating the Role of Oil Prices in the Conventional EKC Model: Evidence from Turkey ［J］. Asian Economic & Financial Review, 2017, 7 (5): 498 – 508.

［204］陈向阳. 环境库兹涅茨曲线的理论与实证研究 ［J］. 中国经济问题, 2015 (3): 51 – 62.

［205］曾翔, 沈继红. 江浙沪三地城市大气污染物排放的环境库兹涅茨曲线再检验 ［J］. 宏观经济研究, 2017 (6): 121 – 131.

［206］邝嫦娥, 田银华, 李昊匡. 环境规制的污染减排效应研究——基于面板门槛模型的检验 ［J］. 世界经济文汇, 2017 (3): 84 – 101.

［207］王素凤, 杨善林, 彭张林. 面向多重不确定性的发电商碳减排投资研究 ［J］. 管理科学学报, 2016, 19 (2): 31 – 41.

［208］PORTER M E, LINDE C V D. Toward a New Conception of the Environment – Competitiveness Relationship ［J］. Journal of Economic Perspectives, 1995, 9 (4): 97 – 118.

［209］王腾, 严良, 何建华, 等. 环境规制影响全要素能源效率的实证研究——基于波特假说的分解验证 ［J］. 中国环境科学, 2017, 37 (4): 1571 – 1578.

［210］JAFFE A B, PALMER K. Environmental Regulation and Innovation: A Panel Data Study ［J］. Review of Economics&Statistics, 1997, 79 (4): 610 – 619.

［211］刘宇, 蔡松锋, 张其仔. 2025 年、2030 年和 2040 年中国二氧化碳排放达峰的经济影响——基于动态 GTAP – E 模型 ［J］. 管理评论, 2014, 26 (12): 3 – 9.

［212］王班班, 齐绍洲. 市场型和命令型政策工具的节能减排技术创新效应——基于中国工业行业专利数据的实证 ［J］. 中国工业经济, 2016 (6): 91 – 108.

[213] 王锋，冯根福. 基于 DEA 窗口模型的中国省际能源与环境效率评估 [J]. 中国工业经济，2013 (7)：56 - 68.

[214] 李谷成，范丽霞，成刚，等. 农业全要素生产率增长：基于一种新的窗式 DEA 生产率指数的再估计 [J]. 农业技术经济，2013 (5)：4 - 17.

[215] CHARNES A, CLARK C. T. , COOPER W. W. , et al. A developmental study of data envelopment analysis in measuring the efficiency of maintenance units in the U. S. air forces [J]. Annals of Operations Research, 1984, 2 (1)：95 - 112.

[216] HALKOS G E, TZEREMES N G. Exploring the existence of Kuznets curve in countries' environmental efficiency using DEA window analysis [J]. Ecological Economics, 2009, 68 (7)：2168 - 2176.

[217] 王晓，董刚，徐继红，等. 基于 DEA 窗口的江西省卫生资源配置效率研究 [J]. 中国卫生事业管理，2014, 31 (9)：681 - 683.

[218] 陈建丽，孟令杰，姜彩楼. 两阶段视角下高技术产业技术创新效率研究——基于网络 SBM 模型和 DEA 窗口分析 [J]. 科技管理研究，2014, 34 (11)：11 - 16.

[219] ASMILD M, PARADI J C, AGGARWALL V, et al. Combining DEA Window Analysis with the Malmquist Index Approach in a Study of the Canadian Banking Industry [J]. Journal of Productivity Analysis, 2004, 21 (1)：67 - 89.

[220] CHARNES A, COOPER W W, LEWIN A Y, et al. Extensions to DEA Models [M] //Data Envelopment Analysis：Theory, Methodology, and Applications. Springer Netherlands, 1994：49 - 61.

[221] 潘雄锋，张维维，舒涛. 我国新能源领域专利地图研究 [J]. 中国科技论坛，2010 (4)：41 - 45.

[222] 杨木容，陈小平. 从专利情况看石油加工领域的技术创新

能力 [J]. 科技管理研究, 2010, 30 (19): 140 – 141.

[223] 董艳梅, 朱英明. 中国高技术产业创新效率评价——基于两阶段动态网络 DEA 模型 [J]. 科技进步与对策, 2015 (24): 106 – 113.

[224] PIGOU A C. The Economics of Welfare [M]. China Social Sciences Publishing House, 1999.

[225] COASE R H. The Problem of Social Cost [J]. Journal of Law & Economics, 1960, 3 (4): 1 – 44.

[226] 曾凡银. 中国节能减排政策: 理论框架与实践分析 [J]. 财贸经济, 2010 (7): 110 – 115.

[227] 张五常, STEVE N S C. 经济解释 [M]. 北京: 中信出版社, 2015.

[228] CARSON R. Silent spring [M]. Houghton Mifflin Harcourt, 2002.

[229] 张国兴, 李佳雪, 胡毅, 等. 节能减排科技政策的演变及协同有效性——基于 211 条节能减排科技政策的研究 [J]. 管理评论, 2017 (12).

[230] KNELLER R, MANDERSON E. Environmental regulations and innovation activity in UK manufacturing industries [J]. Resource&Energy Economics, 2012, 34 (2): 211 – 235.

[231] 张先锋, 韩雪, 吴椒军. 环境规制与碳排放: "倒逼效应" 还是 "倒退效应"——基于 2000 ~ 2010 年中国省际面板数据分析 [J]. 软科学, 2014, 28 (7): 136 – 139.

[232] 刘伟, 薛景. 环境规制与技术创新: 来自中国省际工业行业的经验证据 [J]. 宏观经济研究, 2015 (10): 72 – 80.

[233] 郭庆. 中小企业环境规制的困境与对策 [J]. 东岳论丛, 2007, 28 (2): 101 – 104.

[234] 张成, 陆旸, 郭路, 等. 环境规制强度和生产技术进步

[J]．经济研究，2011（2）：113－124.

[235] 张学刚，钟茂初．政府环境监管与企业污染的博弈分析及对策研究［J］．中国人口·资源与环境，2011，21（2）：31－35.

[236] RUSSELL C S, HARRINGTON W, VAUGHN W J. Enforcing pollution control laws［M］. Routledge, 2013.

[237] HARRINGTON W. Enforcement leverage when penalties are restricted［J］. Journal of Public Economics, 1988, 37（1）：29－53.

[238] 雷倩华，罗党论，王珏．环保监管、政治关联与企业价值——基于中国上市公司的经验证据［J］．山西财经大学学报，2014，36（9）.

[239] 刘嘉杰．试论中小企业排污监管的困境及解决办法［J］．科技研究，2013（11）：262－262，257.

[240] ATKINSON, GILES, et al., eds. Handbook of sustainable development［M］. Edward Elgar Publis－hing, 2014.

[241] VIVANCO D F, KEMP R, van der Voet E. How to deal with the rebound effect? A policy－oriented approach［J］. Energy Policy, 2016, 94：114－125.

[242] 杨莉莉，邵帅．能源回弹效应的理论演进与经验证据：一个文献述评［J］．财经研究，2015，41（8）：19－38.

[243] ROMER P M. Endogenous technological change［J］. Journal of political Economy, 1990, 98（5, Part 2）：S71－S102.

[244] 赖先进．清洁能源技术政策与管理研究：以碳捕集与封存为例［M］．中国科学技术出版社，2014..

[245] 周亚庆，张方华．区域技术创新系统研究［J］．科技进步与对策，2001，18（2）：44－45.

[246] 孙冰，徐晓菲，姚洪涛．基于 MLP 框架的创新生态系统演化研究［J］．科学学研究，2016，34（8）：1244－1254.

［247］ GEELS F W. Technological transitions as evolutionary reconfiguration processes：a multi – level perspective and a case – study ［J］. Research Policy, 2002, 31 (8)：1257 – 1274.

［248］ WEISS C, BONVILLIAN W B. Structuring an Energy Technology Revolution：What Is the Right Level of Funding and Where Will the Money Come From? ［M］. The MIT Press, 2012.

［249］ GREENING L A, GREENE D L, DIFIGLIO C. Energy efficiency and consumption-the rebound effect-a survey ［J］. Energy policy, 2000, 28 (6)：389 – 401.

［250］ BIROL F, KEPPLER J H. Prices, technology development and the rebound effect ［J］. Energy Policy, 2007, 28 (6)：457 – 469.

［251］ SORRELL S, DIMITROPOULOS J. The rebound effect：Microeconomic definitions, limitations and extensions ［J］. Ecological Economics, 2008, 65 (3)：636 – 649.

［252］ VIVANCO D F, KEMP R, VOET E V D. How to deal with the rebound effect? A policy – oriented approach ［J］. Energy Policy, 2016, 94：114 – 125.

［253］ VON WEIZSACKER E U, HARGROVES C, SMITH M H, et al. Factor five：Transforming the global economy through 80% improvements in resource productivity ［M］. Routledge, 2009.

［254］ 王雅楠, 赵涛. 基于 GWR 模型中国碳排放空间差异研究 ［J］. 中国人口·资源与环境, 2016, 26 (2)：27 – 34.

［255］ MURRAY C K. New insights into rebound effects：theory and empirical evidence ［D］. Queensland University of Technology, 2009.

［256］ 倪娟. 碳税与碳排放权交易机制研析 ［J］. 税务研究, 2016 (4)：46 – 50.

［257］ 周建华, 张建民, 江华. 清洁生产技术、政府责任与行业

协会职能——以温州合成革行业为例［J］. 华东经济管理, 2011, 25 (7): 1-5.

[258] 安同良, 周绍东, 皮建才. R&D 补贴对中国企业自主创新的激励效应［J］. 经济研究, 2009 (10): 87-98.

[259] 周海涛, 张振刚. 政府研发资助方式对企业创新投入与创新绩效的影响研究［J］. 管理学报, 2015, 12 (12): 1797-1804.

[260] 马晓鹏, 温明月. 中国地级市政府科技研发补贴政策的困境与转型——以广东省某市为例［J］. 中国行政管理, 2015 (8).

[261] JEVONS W S. The coal question: an inquiry concerning the progress of the nation, and the probable exhaustion of our coal-mines［M］. Macmillan, 1906.

[262] ADUA L. To cool a sweltering earth: Does energy efficiency improvement offset the climate impacts of lifestyle?［J］. Energy Policy, 2010, 38 (10): 5719-5732.

[263] 赵定涛, 汪臻, 范进. 技术、消费模式与中国碳排放增长——中国八大区域的实证研究［J］. 系统工程, 2012 (8): 5-13.

[264] 孙涵, 申俊, 成金华. 基于 LA-AIDS 模型的中国居民能源消费回弹效应研究［J］. 软科学, 2016, 30 (3): 94-97.

[265] 王妍, 石敏俊. 中国城镇居民生活消费诱发的完全能源消耗［J］. 资源科学, 2009, 31 (12): 2093-2100.

[266] POLIMENI J M, POLIMENI R I. Jevons' Paradox and the myth of technological liberation［J］. Ecological Complexity, 2006, 3 (4): 344-353.

[267] 毕茜, 彭珏, 左永彦. 环境信息披露制度、公司治理和环境信息披露［J］. 会计研究, 2012 (7): 39-47.

附录

能源生产与能源利用类技术效率评价目标行业分类

能源生产类		能源利用类	
行业名称	涵盖范围	行业名称	涵盖范围
一、煤炭开采和洗选业	指对各种煤炭的开采、洗选、分级等生产活动；不包括煤制品的生产和煤炭勘探活动	一、电力、热力生产和供应业	
1. 烟煤和无烟煤开采洗选	指对地下或露天烟煤、无烟煤的开采，以及对采出的烟煤、无烟煤及其他硬煤进行洗选、分级等提高质量的活动	1. 电力生产	包括：火力发电，热电联产，水力发电，核力发电，风力发电，太阳能发电，生物质能发电，其他电力生产
2. 褐煤开采洗选	指对褐煤——煤化程度较低的一种燃料的地下或露天开采，以及对采出的褐煤进行洗选、分级等提高质量的活动	2. 电力供应	指利用电网出售给用户电能的输送与分配活动，以及供电局的供电活动
3. 其他煤炭采选	指对生长在古生代地层中的含碳量低、灰分高的煤炭资源（如石煤、泥炭）的开采	3. 热力生产和供应	指利用煤炭、油、燃气等能源，通过锅炉等装置生产蒸汽和热水，或外购蒸汽、热水进行供应销售、供热设施的维护和管理的活动，包括利用地热和温泉供应销售的活动

续表

能源生产类		能源利用类	
行业名称	涵盖范围	行业名称	涵盖范围
二、石油和天然气开采业	指在陆地或海洋，对天然原油、液态或气态天然气的开采，对煤矿瓦斯气（煤层气）的开采；为运输目的所进行的天然气液化和从天然气田气体中生产液化烃的活动，还包括对含沥青的页岩或油母页岩矿的开采，以及对焦油沙矿进行的同类作业	二、黑色金属冶炼和压延加工业	
1. 石油开采业		1. 炼铁	指用高炉法、直接还原法、熔融还原法等，将铁从矿石等含铁化合物中还原出来的生产活动
2. 天然气开采业		2. 炼钢	指利用不同来源的氧（如空气、氧气）来氧化炉料（主要是生铁）所含杂质的金属提纯活动
三、石油、煤炭及其他燃料加工业		3. 钢压延加工	指通过热轧、冷加工、锻压和挤压等塑性加工使连铸坯、钢锭产生塑性变形，制成具有一定形状尺寸的钢材产品的生产活动
1. 精炼石油产品制造		4. 铁合金冶炼	指铁与其他一种或一种以上的金属或非金属元素组成的合金生产活动
• 原油加工及石油制品制造	指从天然原油、人造原油中提炼液态或气态燃料以及石油制品的生产活动；	三、非金属矿物制品业	
• 其他原油制造	指采用油页岩、油砂、焦油以及一氧化碳、氢等气体等加工得到的类似天然石油的液体燃料的生产活动	1. 水泥、石灰和石膏制造	水泥、石灰和石膏制造
2. 煤炭加工		2. 石膏、水泥制品及类似制品制造	水泥制品、砼结构构件、石棉水泥制品等制造

续表

能源生产类		能源利用类	
行业名称	涵盖范围	行业名称	涵盖范围
●炼焦	指主要从硬煤和褐煤中生产焦炭、干馏炭及煤焦油或沥青等副产品的炼焦炉的操作活动	3. 砖瓦、石材等建筑材料制造	黏土砖瓦及建筑砌块、建筑用石、防水建筑材料等
●煤制合成气生产		4. 玻璃制造	平板玻璃、特种玻璃及其他玻璃制造
●煤制液体燃料生产	指通过化学加工过程把固体煤炭转化成为液体燃料、化工原料和产品的活动，如煤制甲醇、煤制烯烃等	5. 玻璃制品制造	技术玻璃、日用容器、光学玻璃及制镜等玻璃制造
●煤制品制造	指用烟煤、无烟煤、褐煤及其他各种煤炭制成的煤砖、煤球等固体燃料制品的活动	6. 玻璃纤维和玻璃纤维增强塑料制品制造	玻璃纤维及制品制造，玻璃纤维增强塑料
●其他煤炭加工	指煤质活性炭等其他煤炭加工活动	7. 陶瓷制品制造	建筑陶瓷、卫生陶瓷、特种陶瓷及园林陈设艺术陶瓷
3. 核燃料加工	指从沥青铀矿或其他含铀矿石中提取铀、浓缩铀的生产，对铀金属的冶炼、加工，以及其他放射性元素、同位素标记、核反应堆燃料元件的制造，还包括与核燃料加工有关的核废物处置活动	8. 耐火材料制品制造	石棉、云母制造
4. 生物质燃料加工		9. 石墨及其他非金属矿物制品制造	石墨及碳素制品制造，其他非金属矿物制品制造

能源生产类		能源利用类	
行业名称	涵盖范围	行业名称	涵盖范围
• 生物质液体燃料生产	指利用农作物秸秆和农业加工剩余物、薪材及林业加工剩余物、禽畜粪便、工业有机废水和废渣、城市生活垃圾和能源植物等生物质资源作为原料转化为液体燃料的活动		
• 生物质致密成型燃料加工	包括对下列生物质燃料的加工活动：林木致密成型燃料，秸秆致密成型燃料，废物、废料致密成型燃料，其他生物致密成型燃料；不包括：木炭、竹炭加工		

注：本表根据《国民经济行业分类（GB/T 4754—2017）》整理

后　记

能源是推动经济发展和人类社会进步的重要基础，纵观人类社会演进史，能源转型是重要的推动力量，每一次能源革命都极大地推动了经济社会生产的进步。当前，人类社会发展高度依赖化石能源，人类活动导致的二氧化碳排放已成为造成全球气候变暖的重要原因之一。中国作为世界上二氧化碳排放最多的国家，积极推动二氧化碳减排不仅是缓解自身资源约束的战略选择，也是体现负责任大国形象的重要表现。

本书基于理论和实践考察发现，不清洁的能源投入和低效的能源使用是现阶段导致中国二氧化碳排放量居高不下的根本原因，认为应通过能源生产技术进步提高清洁能源使用和通过能源利用技术进步提高能源使用效率推动减排。与已有关于二氧化碳减排相关研究相比，本书尤其强调能源技术创新（包括能源生产类技术和能源利用类技术）对减排的核心推动作用，并将已有研究中的"广义技术进步"细分为能源生产类技术和能源利用类技术，使得研究结论更具可操作性，对相关学科领域学者的研究及政府科技、环保等部门管理者政策制定有一定的借鉴意义。

本书是在作者博士论文基础上扩展而来，在出版过程中，受到国家自然科学基金面上项目（71874119）、山西省哲学社会科学规划项目（晋规办字［2015］3号）、山西省社科联重点课题（SSKLZDKT2018133）及忻州师范学院优秀青年学术带头人资助计划项目的支持，在此表示感谢。

在本书成稿过程中，得到山西财经大学资源型经济转型研究院院长郭淑芬教授、太原师范学院副校长郭丕斌教授、忻州师范学院副院长李丹教授的点拨和指导，在此一并感谢。

本书的写作中，参考了大量学者的研究成果，虽努力列出相关学者的信息，但可能还会有一些遗漏，对未能准确列出参考文献信息的学者，在此表示歉意。

限于作者水平，书中还有很多不足之处，甚至还有错误，欢迎读者指正。

作者

2019 年 1 月 13 日